iT邦幫忙 鐵人賽

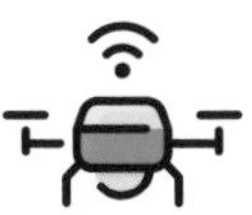

JS

# IoT沒那麼難！

## 新手用 JavaScript 入門做自己的玩具！

第11屆 iT邦幫忙 鐵人賽 冠軍 iThome

**JavaScript 寫膩了嗎？用它來做自己的玩具吧！**
**想寫 IoT 其實很簡單，我說用 JavaScript 就可以！**

- IoT很難？只是沒人帶而已！圖文解說手把手實作多種感測器的應用！
- Made in Taiwan！全台第一本專門介紹 Johnny-Five 框架的專業書籍！

本書提供線上資源下載

曾英綺 (17King) —— 著

*本書如有破損或裝訂錯誤，請寄回本公司更換*


**國家圖書館出版品預行編目(CIP)資料**

IoT沒那麼難！新手用JavaScript入門做自己的玩具！<br>/ 曾英綺 (17King) 著. -- 初版. -- 新北市：博碩文化,<br>2020.11<br>面；　公分. -- (iT 邦幫忙鐵人賽系列書)

ISBN 978-986-434-532-8(平裝)

1. 微電腦　2. 電腦程式語言

471.516　　109016470

Printed in Taiwan



作　　者：曾英綺 (17King)
責任編輯：蔡瓊慧

董 事 長：陳來勝
總 編 輯：陳錦輝
出　　版：博碩文化股份有限公司
地　　址：221新北市汐止區新台五路一段112號10樓A棟
電話(02) 2696-2869　傳真(02) 2696-2867

發　　行：博碩文化股份有限公司
郵撥帳號：17484299　戶名：博碩文化股份有限公司
博碩網站：http://www.drmaster.com.tw
讀者服務信箱：dr26962869@gmail.com
訂購服務專線：(02) 2696-2869 分機 238、519
( 週一至週五 09:30~12:00；13:30~17:00 )
版　　次：2020 年 11月初版一刷
建議零售價：新台幣 520 元
I S B N：978-986-434-532-8
律師顧問：鳴權法律事務所 陳曉鳴律師

博 碩 粉 絲 團

# 推薦序

## 一本好玩又有趣的手作書

你是否曾經有過想自已創造些玩具的衝動？你是否有想自己製造一些產品的想法？你是否曾抱怨某個商品功能不多又價格昂貴？如果你曾經有過其中任何一個想法，那麼恭喜你！這本書絕對是你絕對不可錯過的書了！

這本書不僅讓你可以輕鬆踏入 Maker 領域，還能啟發你更多無限的想法，從開始的原理引導與教學，到後面的生活應用與開發，每一個章節都太有趣了，會讓人看到忍不住想立刻動手去創造屬於自己的作品。

一直以來 Amos 對於 IoT 就不是非常了解，對於電路板什麼的更是個大外行，每每看到一些前輩做出軟硬體整合的東西，就深感佩服到不行，在現在生活中數位商品越來越氾濫的情況下，一個能符合自己需求的商品往往很難找到，又或者找到了卻價格昂貴，低價的則是功能受限，每次遇到這種狀況，都會想如果自己有能力把腦袋裡面的想法做出來的話，那該有多好！

市面上的書籍這麼多，真正能講到新手理解的書卻少之又少，門檻總是讓人裹足不前；而入門新手看得懂的書，則又太過淺薄，講不到應用層面，往往看完之後無法激發想像，讓人無法達到實作階段。

這本書 Amos 從入手後，花了兩天時間看完，一開始就解決了我長久以來的疑問，「三用電錶的使用、LED 燈原來有正負極、燈號閃爍控制原來並不難、解決負載的方式原來這麼簡單！」每一次看到一個新的章節，所能學到的東西就越來越實用，直到看完到了最後，還有意猶未盡的感受，實在是新手們不可多得的一本書籍啊。

作者在本書中使用了輕鬆詼諧的講解方式、淺顯易懂又生活化的舉例、適時的講解原理卻又讓你不會感受到負擔，對於原始碼的解說清楚明瞭，使用大量插圖解說概念與流程，無一不是費盡心思，只為了讓我等新手能輕鬆入門；此外書中補充了大量額外的網路資料，不僅給予了讀者書中的基礎，又能藉由額外的補充資訊，去延伸查詢與研究，真可謂一本真真實實的入門指南。

如果你跟我一樣是個想進入手作開發的門外漢，誠心的推薦你一定要買這本書，如果你曾經羨慕別人會玩 Arduino，那這本書絕對值得你作為踏入 Arduino 的入門書，如果你會寫 JavaScript 又覺得生活無趣，那你更不可錯過這本書，絕對讓你可以玩得很開心，手作開發 Arduino 的樂趣就從這裡開始吧！

李建杭 /Amos

「金魚都能懂」的系列教學作者、國內前端技術知名講師以及講者

# 序文與感謝

本書改編自第 11 屆 iT 邦幫忙鐵人賽，IoT 組冠軍網路系列文章－《IoT 沒那麼難！新手用 JavaScript 入門做自己的玩具～》，由於在參賽時有時間上的限制，本書補足了許多本系列文章中遺漏掉的部分，並充分用圖解來說明 LED 系列、多種感測器等原理。

在系列文上沒有的程式碼逐步解析，本書也補足了這方面的相關解說，讓學一種語言就能做出自己的玩具；在硬體部分主要採用 Arduino，程式語言使用 JavaScript 等來實現我們的夢想，在大自造時代中，人人都可以是「Marker 創客」，快來跟上我們的腳步吧！

## 特別感謝：

感謝 Abby 主編的寬容，在我寫書的時候給我很多鼓勵，讓我可以堅定意志寫下去！

感謝一路上教導我的師長，不管是電子專業還是資訊專業的老師們、前輩大大們（阿哩嘎斗！感謝你們！

特別感謝我的師傅－ Amos 老師，在轉職期間因為師傅的一句話讓我銘記在心，於是努力走上前端之路…

**師傅，我可以成為您驕傲的弟子了！(シ_ _)シ** (~~自己講~~)

> PS：其實師傅也是被我一直糾纏，糾纏到現在也五年了 ... 師傅您辛苦了 QQ

還有謝謝陪伴我的家人與另一半，撰文的期間幾乎都叫外賣吃也沒做什麼家事 (~~被打~~)，最感謝我弟弟，明明就是暑假還被我抓來幫忙與討論，寫完一個章節就吵他幫我看文抓錯，假日還要陪我視訊校稿討論…

弟弟，真的很謝謝你～ <(_ _)>

還有對我家的毛小孩很抱歉，這段時間也沒什麼陪牠們…

**什麼！你沒看過我家毛孩嗎？**

那我現在給你看看牠們可愛的樣子！(´,,•ω•,,)♡

（ 露出毛孩計畫通！嘿嘿～ฅ(ΦωΦ)ฅ ）

牠們也會穿梭在本書中，就讓我們繼續看下去～(๑•̀ω•́)ノ

# 前言與導讀

"「我是一位讀電子科系的學生，但我什麼都不會。」"

2015 年 4 月，
我在北車的天瓏書店無意間看到一本介紹 Arduino 的書籍，開啟了我對 Arduino 的興趣！
當時 Arduino 只是一塊不起眼的電路板，只有對 DIY 有興趣的人或是高中、大學生當成專題來研究。

2020 年的現在，
Arduino、Raspberry pi、Zig Bee、BLE 等 ...
你所感受不到的物聯網已經充斥在你我生活中成為不可缺少的一部分！
現在 Arduino 甚至能讓小學生也當起「Maker」，思考要怎麼運用 Arduino 來解決生活中的大小事！

因為興趣而進入前端領域，因為興趣而研究 Arduino ！
「原來想像不再是夢想，創造也可以那麼快樂！」
這些可能性都可以在現在實現！

「只要有創意，並且動手去做！」
人人都可以是創客！人人都可以實現物聯網並且發表自己的作品出來！

雖然創作和學習的過程中一定會遇到很多困難 ....
但套句我最喜歡的 Maker 同時也是著名電視節目《流言終結者》的知名主持人亞當．薩維奇 Adam Savage 說：

> YOU HAVE TIME TO FAIL.
> YOU HAVE TIME TO MESS UP.
> YOU HAVE TIME TO TRY AGAIN.

「你可以失敗，可以搞砸，更可以再拼一次。」

## 想玩 IoT，JavaScript 可以嗎？

隨著時間的演化、技術的進步，越來越多人推行 Maker Movement －「自造者運動」由一群熱情的 Marker 國外開發者想到：

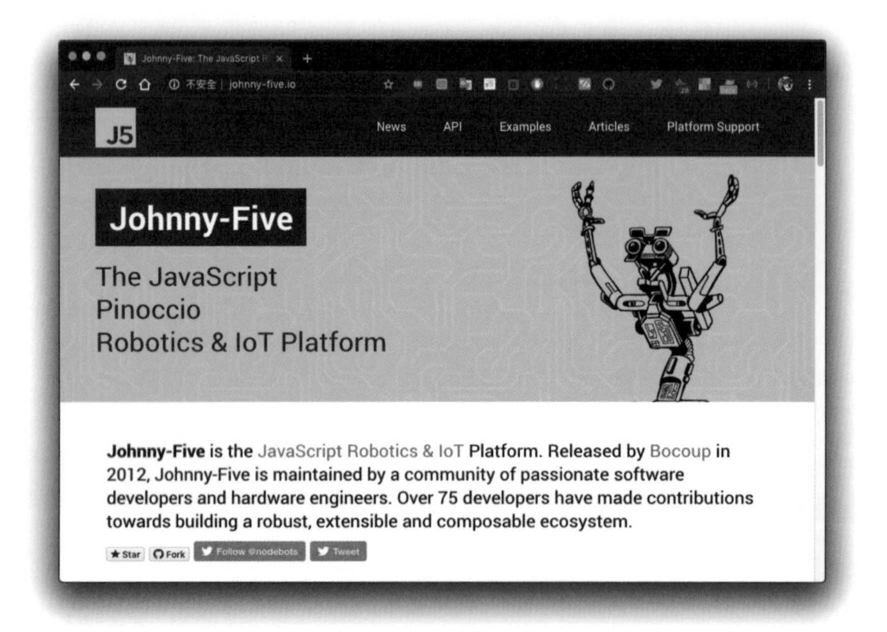


Arduino 執行 C 語言，而主控端執行 JavaScript，一次要編寫和維護兩種程式。既然瀏覽器和伺服器都用 JavaScript，若 Arduino 也能用 JavaScript 控制，那豈不完美？

於是 Johnny-Five（又譯作：霹靂五號）誕生了！

Johnny-Five 官方網站：http://johnny-five.io/

> Johnny-Five is the JavaScript Robotics & IoT Platform. Released by Bocoup in 2012, Johnny-Five is maintained by a community of passionate software developers and hardware engineers. Over 75 developers have made contributions towards building a robust, extensible and composable ecosystem.

使原本要用類 C 語言來開發的 Arduino，能用不同程式語言來控制，讓我們能夠以簡單的方式專注於開發，真的是很幸福的一件事！

## IoT 沒那麼難！新手也能用 JavaScript 入門做自己的玩具～

透過 Johnny-Five 使用 JavaScript 控制 IoT 裝置，以及最後會製作一些小玩具，讓研究技術之餘也讓自己在實體上有滿足感！
寫程式之餘，也讓我們一起應用在生活中、一起進入 IoT 的生活吧！

**本系列的目標對象為**

IoT 入門者、對 JavaScript 有一些認識想進入硬體的開發者。

# 預備知識

## 如何取得我沒有的電子零件呢？

網路無遠弗屆，所有的電子零件都可以在網路購物上訂購取得，但因電子零件品質落差很大，挑選時或收到後，**請在實作之前測試電子零件是否正常；**本書也會講解如何測試拿到的電子零件，讓實作上更夠更順利。

如果要實際採購，也可在電子材料行購買的到，舉例來說：因筆者為台北人，通常都會去光華商場附近採購電子零件，某些電子零件也可在店面就能測試是否正常，喜歡實際挑選的讀者也可以選擇實體的店面，任君喜好。

## 簡易測試電子零件的好幫手！三用電表！

三用電表可以說是生表活必備的物品，在本書中也會常常使用到三用電表進行測試。

三用電表是一種多用途電子量測儀器，也稱為**萬用表**（英語：multimeter），一個三用電錶由電流表(安培計)、電壓表(伏特計)、電阻表(歐姆計)所組成；基本功能可量測電流（單位：安培 A)、電壓（單位：伏特 V)、電阻（單位：Ω, 讀做：歐姆 ohm）數值等三樣數值讀數，故也稱**伏特歐姆毫安計**（英語：volt-ohm-milliammeter)，主要使用在電氣、電子領域等量測觀察，一般三用電表由電流表三用電表有兩種，指針式與數位式，兩者簡述如下

### ✡ 指針式三用電表：

由基本的電子電路所設計的類比電表，量測時使用指針指向面板的刻度，由此來提供我們讀數做為判讀使用。

其優點在量測上，如在容易變動、振盪的數值上，因指針擺動的特性，在視覺較為直觀且容易觀察，但也因是指針指向刻度，容易造成視覺上的判讀誤差，精確度上就沒有那麼高，且因量測檔位的不同，需要判讀的刻度線也不同，這部份需要小小換算一下，也是指針式三用電表的缺點。

在價格比較上指針式三用電表比數位式電表便宜，較為容易入手，是學生與入門者首選。

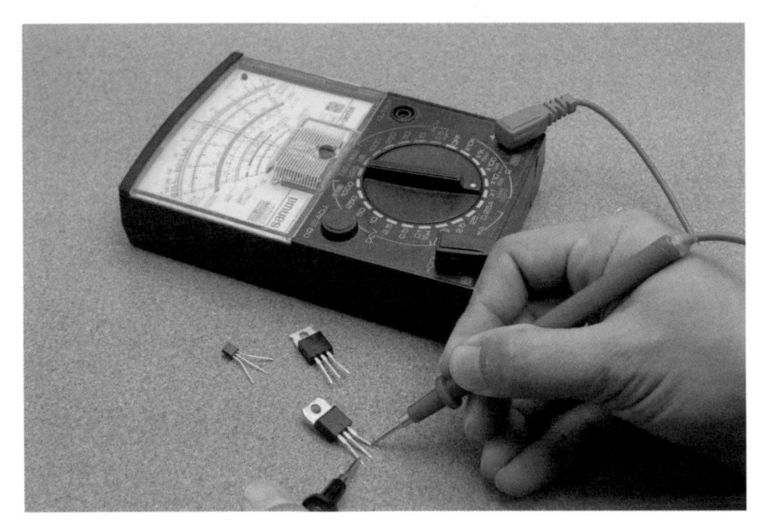


圖為指針式三用電表

（圖片來源：https://pixabay.com/images/id-953932/）

## 數位式三用電表：

為積體電路設計所設計的數位電表，量測時則由 LCD、LED、OLED 顯示數字，提供我們讀數，做為判讀使用。

數位式三用電表在優點上，由於使用積體電路來量測訊號，精準度相對來說是比較高的，也因為是數字式顯示，在判讀上快速且便利，能夠迅速掌握數值的變化，而且能夠避免指針式閱讀的誤差。

在價格上數位式三用電表稍微貴一點，價差也很大，廣泛的應用在研發和電子維修等工作環境上。

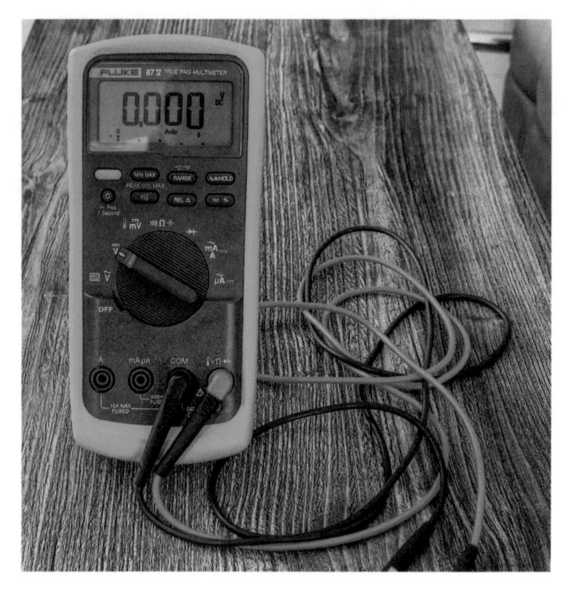


圖為數位式三用電表

（圖片來源：https://pixabay.com/images/id-3272393/）

不論使用的三用電表為何，請選擇自己合適的電表，並學習如何使用它來幫助我們，不論使用什麼電表都是可以的！

## 電子開發必備，免去焊接的麻煩－麵包板

~~不是吃麵包的板子喔！（冷…）~~

麵包板（Breadboard）或叫免焊萬用電路板（solderless breadboard），普通在電子電路的開發都要有接點的連結，才會形成迴路；**而麵包板是一種電子電路設計上常用的基底，電子零件可直接插在麵包板上形成電子迴路做開發測試，省去焊接上的麻煩**，故麵包板主要用於構造電子樣品和學習使用上。

麵包板在外觀上有很多洞洞，也有不同大小的麵包板，但要如何用麵包板做開發呢？**舉例來說：**

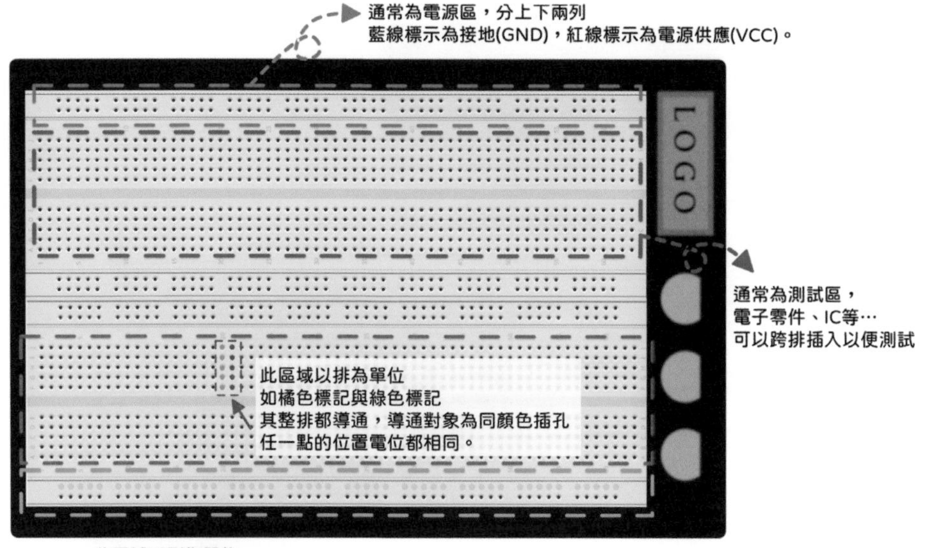


這是全尺寸的麵包板，有紅藍標線的區域通常為接電源的地方，一片全尺寸的麵包板有四處電源區，可以看到圖**橫向排列的孔洞**，每一區有兩列，一列的孔洞如黃色標記，則**一列的任一點位置都是相連接導通的，故每一點的位置電位皆相同**。

那麼中間部分為電子零件的插孔測試區，以排為單位，如紫框中的橘色與綠色標記所示，其**以排為導通對象，一排的任一個位置電位皆相同**。

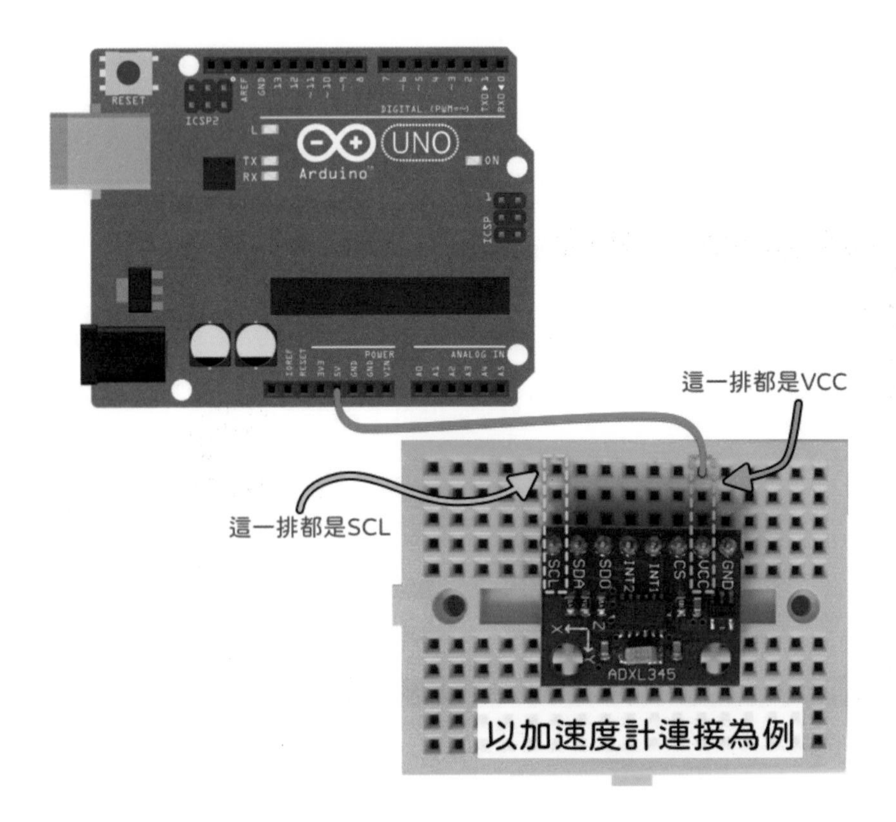


以此案例「加速度計連接到 Arduino」為例，這片是 mini 尺寸的麵包板，上面插著加速度計模組，**像這片麵包板全無標線，就是全部以排來做導通**，當我接上模組後，該排就為模組上標示的接腳延伸。

## 什麼電流、電壓、電阻值我都不懂，怎麼辦？

沒關係的！在科技時代進步下，現今開發材料板很多都已經模組化，只要遵照著開發指南（guideline）走，大致上都沒什麼太大的問題的！

本書著重在如何看懂加上如何使用開發模組，不會教你很深奧的基本電學公式，入門者可以放心閱讀下去的喔～

## 那接下來，我需要準備什麼東西呢？

本書採用 Arduino UNO 版作為開發的基石，程式語言使用 JavaScript & jQuery 搭配 Johnny-Five 這套框架，來實際操作、製作！

又因本書著重導讀 Johnny-Five 的語法等，故 JavaScript 基本語法等，就不做另外講解與說明；在各個章節中若有需要額外的硬體設備、電子零件等，會一一列出方便提供大家找尋零件。

若在 HTML、CSS、JavaScript 程式語言方面苦手者，筆者可以推薦讀者閱讀 iT 邦幫忙系列書籍 Amos 老師所作《金魚都能懂的 CSS 選取器：金魚都能懂了你還不會嗎》以及 Kuro 老師所作《0 陷阱！0 誤解！8 天重新認識 JavaScript！》等書籍。

# 目錄

## 01 當 JavaScript 遇上 Arduino ！

## 02 初進 IoT 的世界，Hello LED World ！

## 03 進入物聯網的世界之初

## 04 玩 IoT 必備的感測器！



## 05 從實體控制虛擬

# A 附錄

CHAPTER

# 01

# 當 JavaScript 遇上 Arduino ！

# Arduino 相關介紹

## Arduino 是什麼？

最簡單的說明：

「Arduino 是一個全開源的專案！」

"從 Arduino 本身的韌體、軟體開發編輯器到電路板的電路設計、硬體規格，全都開源讓人創作使用"

Arduino 屬於輕量化的開發板，雖然沒有樹莓派（Raspberry Pi）那麼強大的運算能力，但擁有**多樣化的擴充模組，簡易的程式設計環境，價格低廉**也是它存在的優勢！

簡易的程式設計、多元的擴展開發套件，讓手作者、Maker、教育家等能夠發揮創意並隨之改造，開發出屬於你的玩具，只要你有創意什麼都可以創造！

| | 作業系統 | 運算能力 | 價格 | 開源項目 |
|---|---|---|---|---|
| ARDUINO<br>Arduino | ✕<br>*註:有例外Arduino YÚN | 較單純直接 | 便宜 | 創用CC許可開源<br>軟體類<br>開發軟體IDE、程式碼<br>硬體類<br>電路設計圖、電路元件 |
| Raspberry Pi | ✓<br>Raspberry Pi OS<br>主要以Linux為核心的作業系統 | 可運算複雜項目 | 較貴 | 運行開源專案<br>自由軟體 |

## 為什麼選用 Arduino 呢？

這次要用的是最常見的 Arduino UNO，非常推薦新手入門使用！

像是：

- **價格便宜，容易入手**
- **不限制開發的環境，跨平台無阻礙**
- **簡單且簡潔的程式設計**
- **開源和多元的擴展軟體**
- **開源和多元的擴展硬體**

Arduino 和樹莓派屬性與用法比較不同，**樹莓派像是電腦負責複雜的運算，Arduino 則是提供一個簡單的解決方法，用來建立感測器與環境相互作用的裝置執行器**，非常適合初學者學習使用。

低成本、多元的擴展、開源、簡單簡易的程式設計，這些都是 Arduino 的存在優勢，而目前穩定的發展下，許多熱情的開發者也發展出許多不同的 Arduino 擴充板，讓不同領域的開發者可以依照自己的需求去開發使用！

Arduino UNO 使用 5V 電壓，就和普通的 USB 一樣或是手機附的變壓器供電即可，亦可直接插電腦的 USB 供電做開發使用。

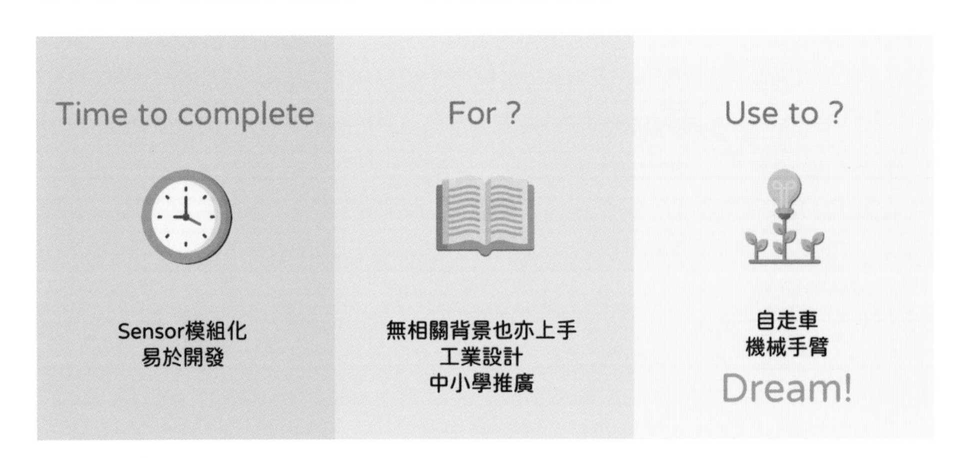

## 常說的 I/O 是什麼東西？

所謂的 I/O 用簡單的方法解釋，就是訊號或資料的輸入 (Input) 和輸出 (Output)，英文取第一個字的簡寫，**通常指資料與裝置處理或溝通的訊號或資料**，例如：你用鍵盤打字，電腦有 I/O 接孔可以接鍵盤和印表機，這些接孔就是 I/O 埠 (Port)，藉由電腦接收到資料後，處理把打進去的字用印表出印出來；在這個例子中**鍵盤就是輸入裝置（Input），電腦是計算機處理好訊息資料後，印表機就是輸出裝置（Output）**用印表機列印輸出你的資料。

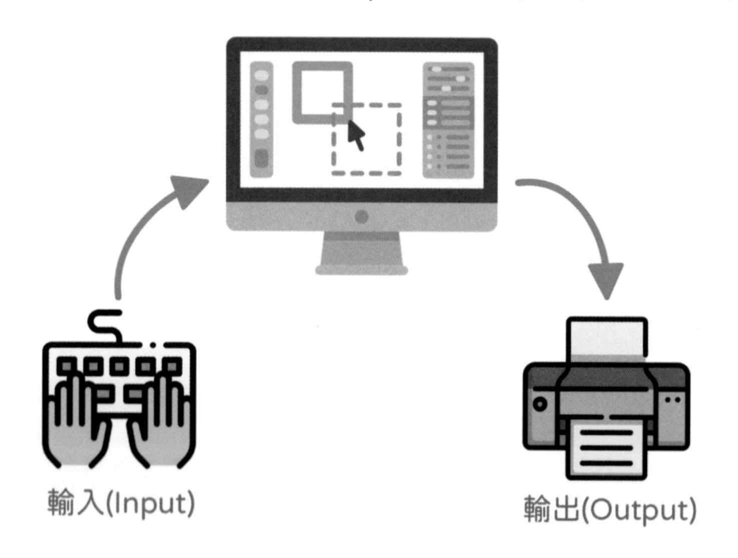


而 Arduino 的微處理控制器也可以做簡單的處理與運算，在設計電路上也有 I/O Port 可供我們串接所需的控制器、顯示器等，接下來我們要來介紹訊號有哪些？也就是輸入輸出 (I/O) 的訊號或資料有哪些。

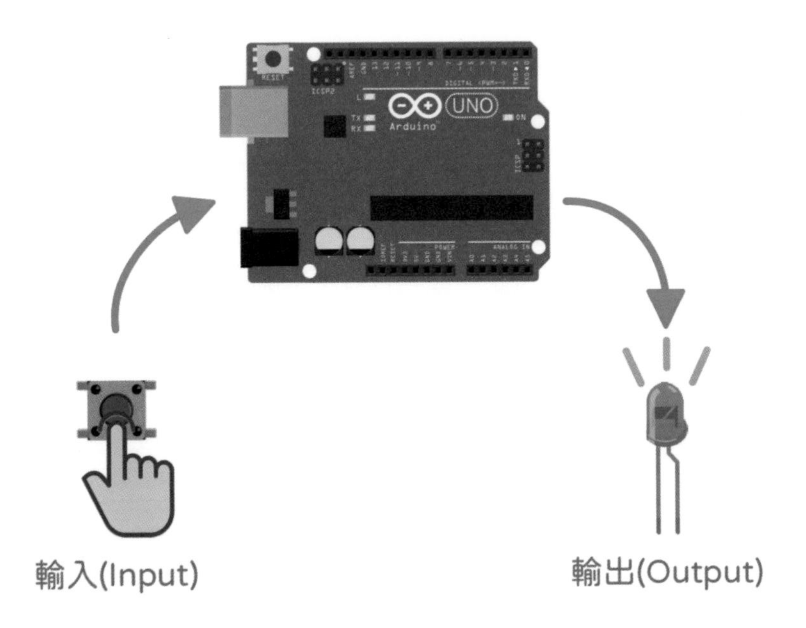


## 訊號有哪些？

想進入電子世界的朋友們，以下兩種輸出輸入 (I/O) 訊號是必須知道的知識，分別是：

「 類比訊號 (Analog Signal) 與 數位訊號 (Digital Signal) 」

### 類比訊號 (Analog Signal)

**類比訊號是一種具有連續性的訊號。**
**可以比喻成大自然的變化，像是溫度連續變化一樣。**

溫度、濕度就是一種類比的訊號，天氣變冷了氣溫會慢慢掉下來，而不會突然從 28 度直接降到 10 度；即將要下雨的天氣，環境濕度也不會這一秒 50%，下一秒變 100% ！

**這就是類比訊號的特性，一種連續變化的訊號。**

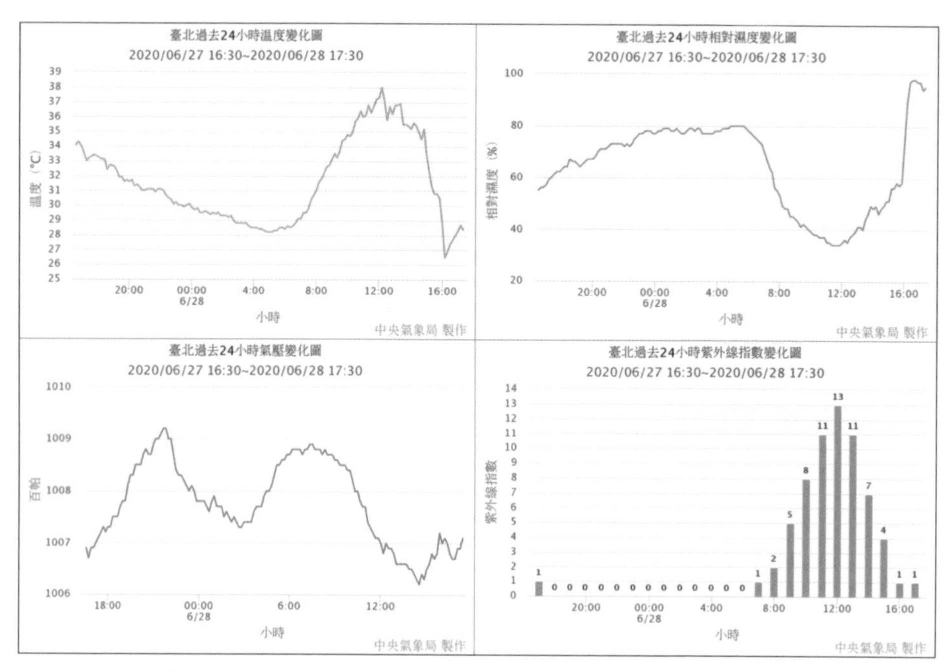


過去 24 小時天氣資料變化圖 (https://www.cwb.gov.tw/V8/C/)

〈 圖為中央氣象局 - 臺北測站觀測資料 〉

## 數位訊號 (Digital Signal)

**數位訊號就像程式 0 與 1 的變化，不具有連續性，只有 High 與 Low 的訊號。**

與類比的變化反之，就像我們寫程式的布林值不是 1 就是 0；
數值是沒有連續性的，不同於類比訊號，數值是隨時隨刻變化。

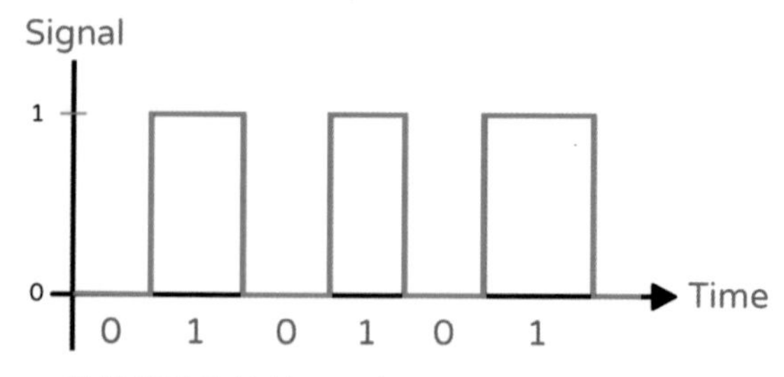


數位訊號的特性：只有 High 與 Low 的訊號。

## Arduino 的腳位－Pins

了解訊號的種類之後，Arduino 的腳位也提供不同的 I/O Port 供開發者使用，可以觀察下面的圖例，**Arduino 上有不同的腳位，我們稱之為 Pin 腳，分別負責接收不同類別的訊號。**

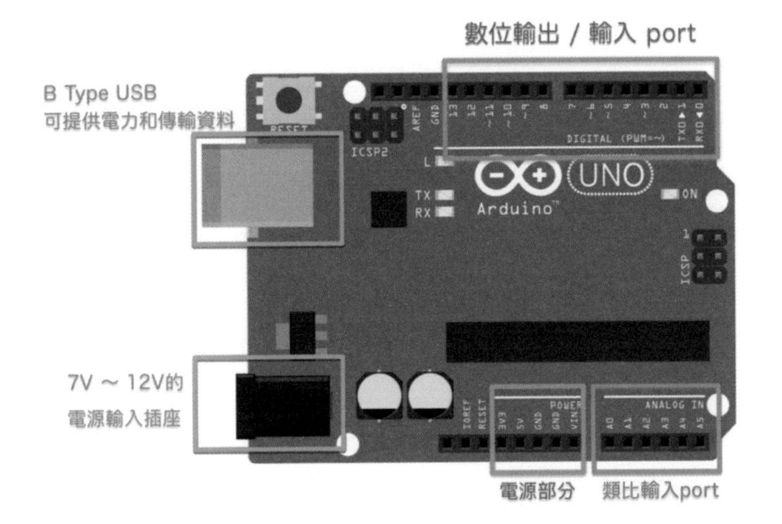


右上的接腳，藍色框框的部分 Pin 2 ～ 13 有印刷 DIGITAL 的字樣，**就是負責處理數位訊號的接腳，需要數位輸出入時就必須要接這一些腳位才會動作。**

右下的接腳紅色框框部分 A0 ～ A5 的接腳**有 ANALOG IN 的印刷字樣，代表處理類比訊號則需要接這些腳位。**

其他的部分如圖所示，在這本書中我們只會運用到 Pins 2～13 和 A0 ～ A5 與電源的部分，這些接腳在之後的章節都會運用到，其他部分讀者若有興趣可以自行了解一下即可。

大家對 Arduino 有基礎的認識之後，那我們下一個章節就來基本的測試與環境安裝了，雖然基礎但也是最最最重要的部分喔！

# Arduino 的環境介紹 & 開發板測試

## 拿到 Arduino 開發板的第一步

**“電子產品有千百種不能 work 的理由，所以 ...”**
**「檢查與測試拿到的開發板，非常重要！」**

因為筆者就讀的是電子工程系，並不是一開始就從事前端的工作，以前在有在電子公司過一陣子，也算是碰過很多 PCB 電路板，遇過離奇不能使用的電路板不在少數，像是：電路板破裂、電路板線路斷掉、SMD 電子零件破掉等諸多問題 ...

筆者就有遇過外觀完全沒問題但就是不能用，後來用電表測量才發現原來 PCB 電路板內部的線路有斷線；因為現在的 PCB 電路板技術發達，有一些 PCB 電路板可能是三層版、四層版，線路會 layout 在電路板一層一層之中，我們用肉眼看不到線路的走向，只能看原始設計圖才知道，所以**當我們拿到硬體產品時，能測試的一定要先測試一下基本功能到底正不正常，才不會辛苦寫好程式，卻不會動又找不出原因，浪費很多時間！**

那麼我們開始來實作測試吧！

## 燒錄你的第一支程式－閃爍 (Blink) 到 Arduino 裡

首先我們燒錄基本的閃爍程式來測試開發板的好壞，先說結論：

**若成功的話成功的話，板子的第 13 隻腳 LED 會閃爍發亮！**

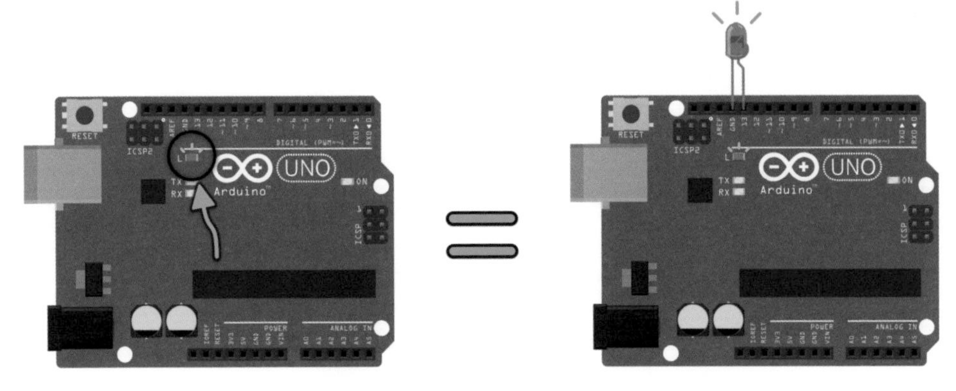


**Arduino內建的LED，電路走線與第13隻腳相連**

這篇要帶大家測試自己的開發板有沒有問題以及介紹燒錄的方式，接下來需要開始動手做了！

### 這邊需要準備的材料有

- Arduino UNO ＊ 1 片
- USB Type B 線材 ＊ 1 條

接下來我們要先處理燒錄程式的環境，~~斯斯有兩種~~，燒錄方法也有兩種，分別是：

## 1. 使用官方下載的 Arduino IDE

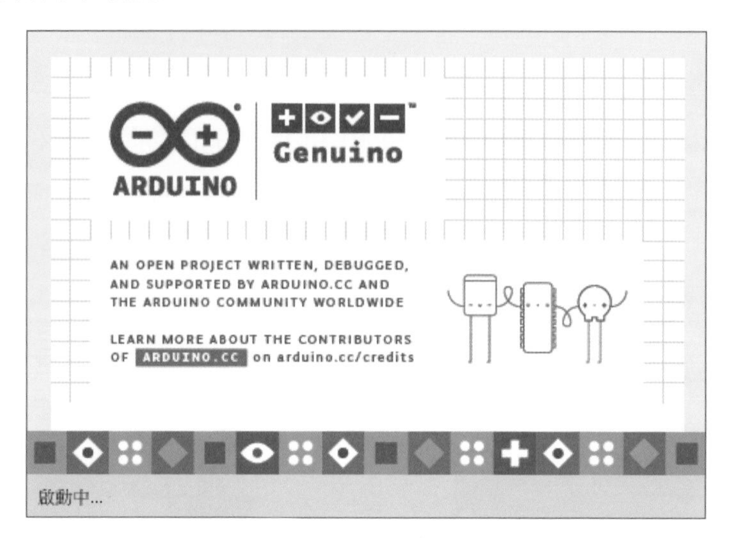


這個是 Arduino 官方所出的 IDE*[註]，可以編輯程式也可以透過 IDE 燒錄軟體。

> 電腦版應用程式，需要安裝才能使用。
> **下載連結：**https://www.arduino.cc/en/Main/Software

官方所出的 IDE 可以編輯原生的 Arduino 程式也能當燒錄器使用，**但以本書的主題來說用不太到原生的功能，故不使用此方法燒錄範例程式**。

如果有遭遇到不可預測的問題時再來下載，官方的 IDE 可以開啟監控視窗當做 debug 開發使用。

**註：**IDE 為整合開發環境（Integrated Development Environment），也可稱 Integration Design Environment、Integration Debugging Environment，**簡稱 IDE，是一種輔助程式開發人員開發軟體的應用軟體**，在開發工具內部就可以輔助編寫原始碼文字、並編譯打包成為可用的程式，有些甚至可以設計圖形介面。

## 2. 使用 Arduino Web Editor

**線上連結：** https://create.arduino.cc/editor

以往只能用下載官方 IDE 的方式來設定與燒錄 Arduino，如今 Arduino 官方推出線上編輯器，對剛入門的開發者來說真的便利許多呢～

本書選擇用 Arduino Web Editor 來做線上燒錄的解說，讓讀者免去安裝應用程式的麻煩，接著就和我一步一步操作吧！ ＼(･ ×･ ´)ゞ

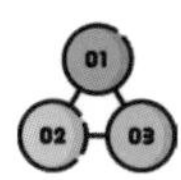


### 第一步：進入 Arduino Web Editor 線上燒錄頁面

我們到 Arduino 的官方網站線上編輯器（https://create.arduino.cc/editor）點選 Software → Online Tools → Arduino Web Editor

到 Arduino 官方首頁後，移到工作列 Software 項目後點擊 Online Tools

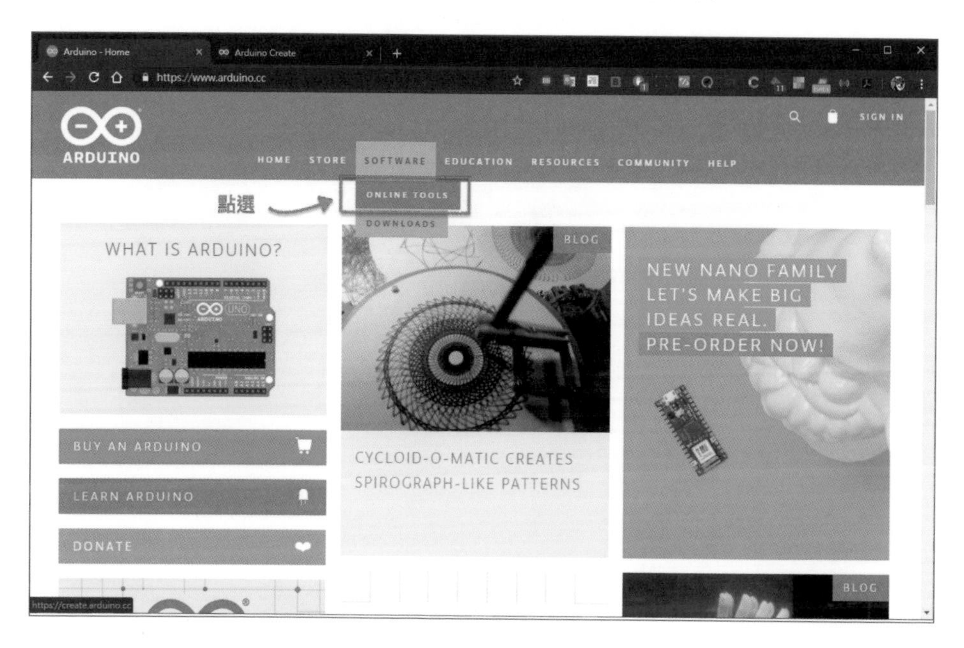

按下 Online Tools 後會進入此頁面，點選 Arduino Web Editor

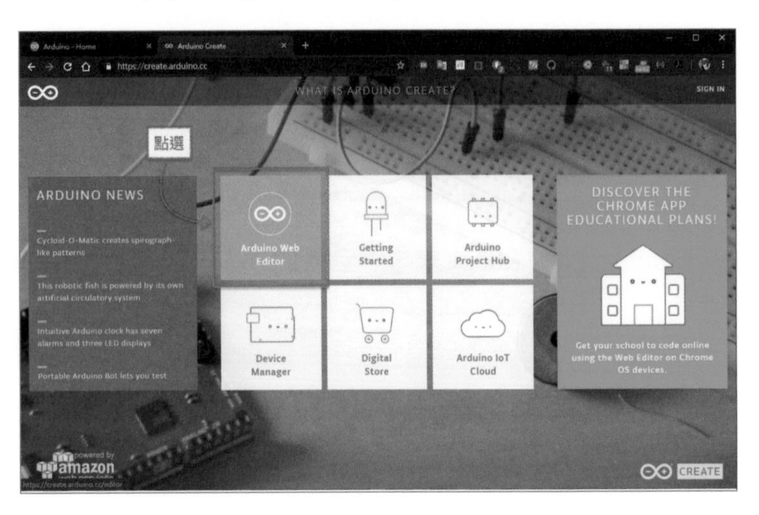


一開始會要求創建帳號或是登入，擁有帳號以後可以在線上儲存專案，未來也會比較方便一點，新創帳號的部分也可以使用 Google 帳號直接註冊登入，筆者這邊是使用 Google 帳號註冊登入，任君喜好。

進入編輯介面後，**會先偵測一次電腦有沒有安裝 Arduino 官方的連線外掛**，如果沒有的話按照官方的引導指示安裝即可。

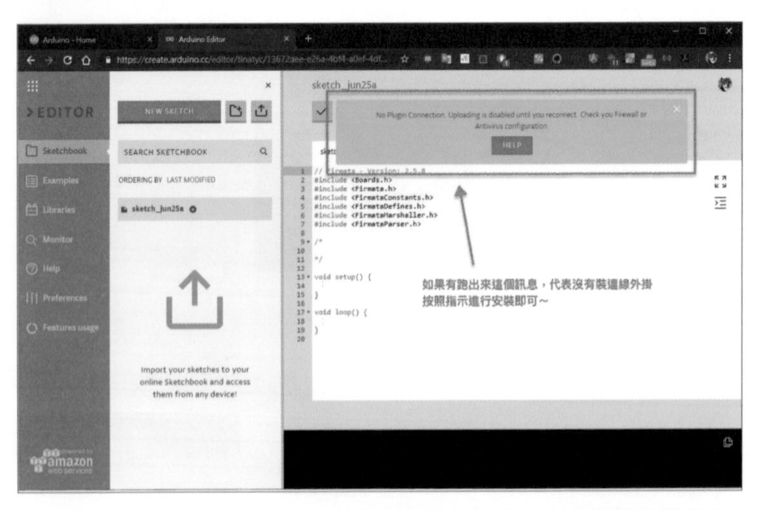


〈 圖為網站偵測到本機電腦尚未安裝連線外掛時，出現的警示訊息 〉

這邊為大家示範尚未安裝連線外掛的流程，若先前有安裝過則可以忽略此步驟！

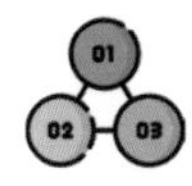


## 第二步：安裝 Arduino Web Editor 連線外掛程式 (Plugin)

進入下載外掛程式頁面 Download Plugin → 選擇作業系統平台 → 點擊 Download Plugin 下載連線外掛程式。

到下載外掛程式頁面，選擇作業系統平台後下載連線外掛程式

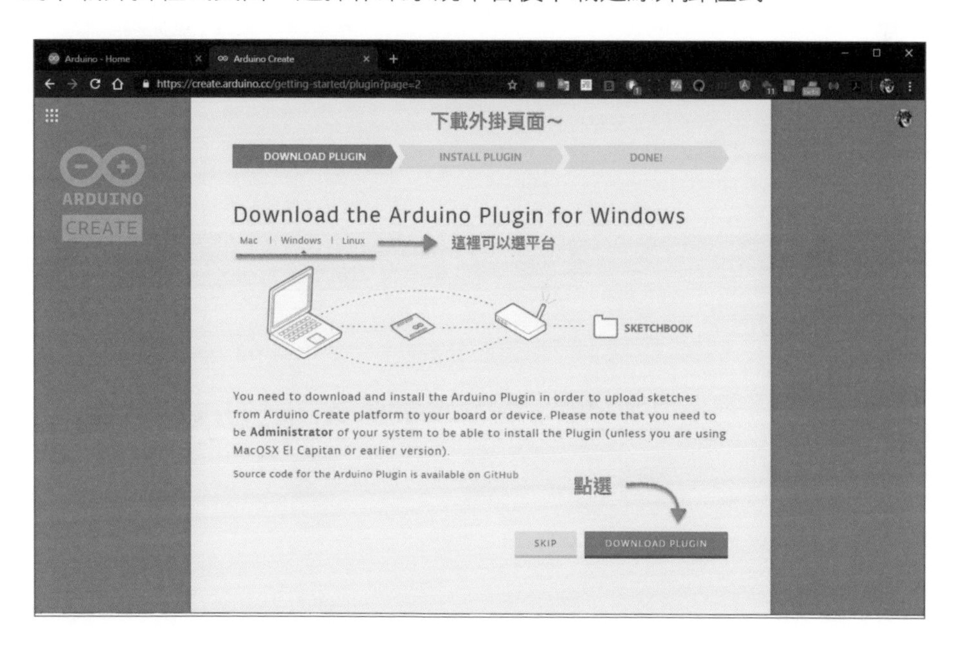


點選後會開始下載外掛程式，下載完後開啟檔案，安裝連線外掛程式檔案解壓縮之後，一直按下一步安裝就好了。

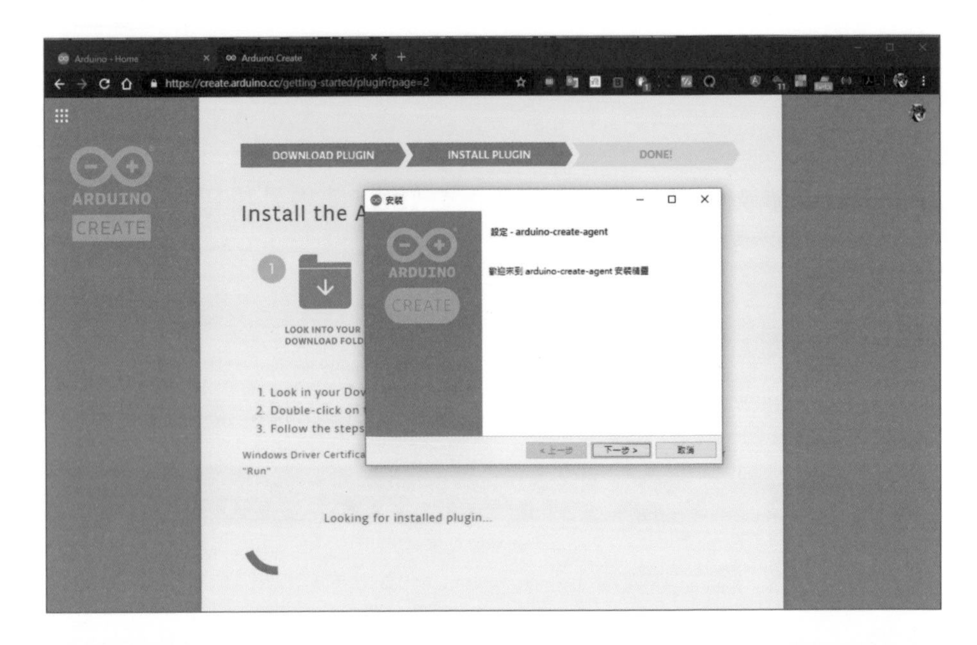


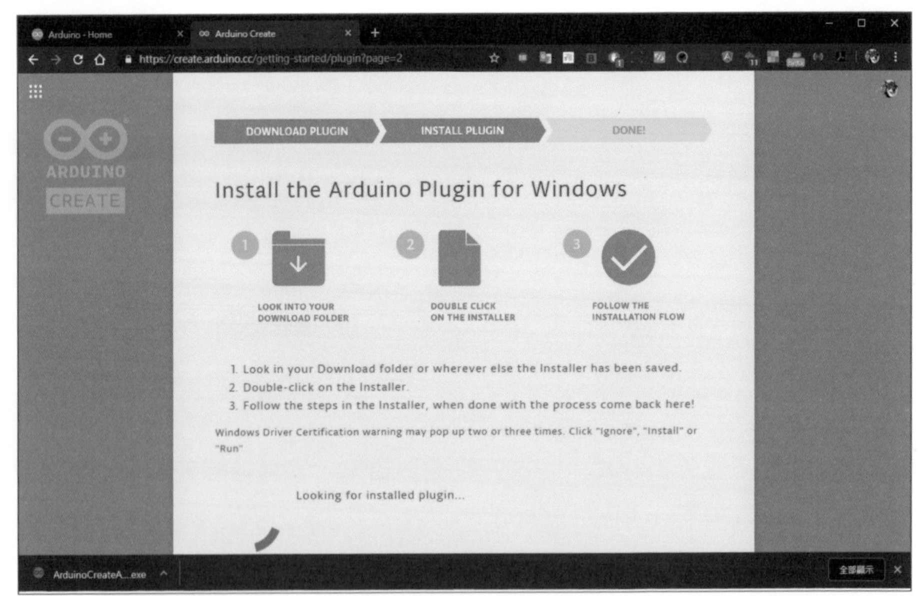


完成安裝連線外掛程式後，接上開發板就會出現連結上開發板的訊息了！

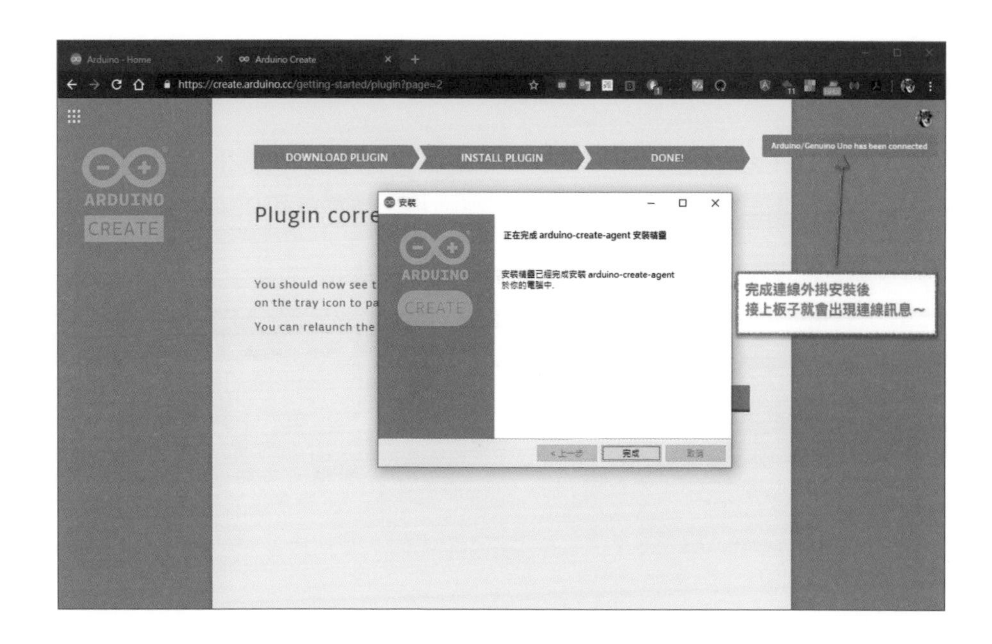


安裝完後點選 Next 按鈕，我們即將進入 Arduino Web Editor 頁面，繼續下一個步驟了。

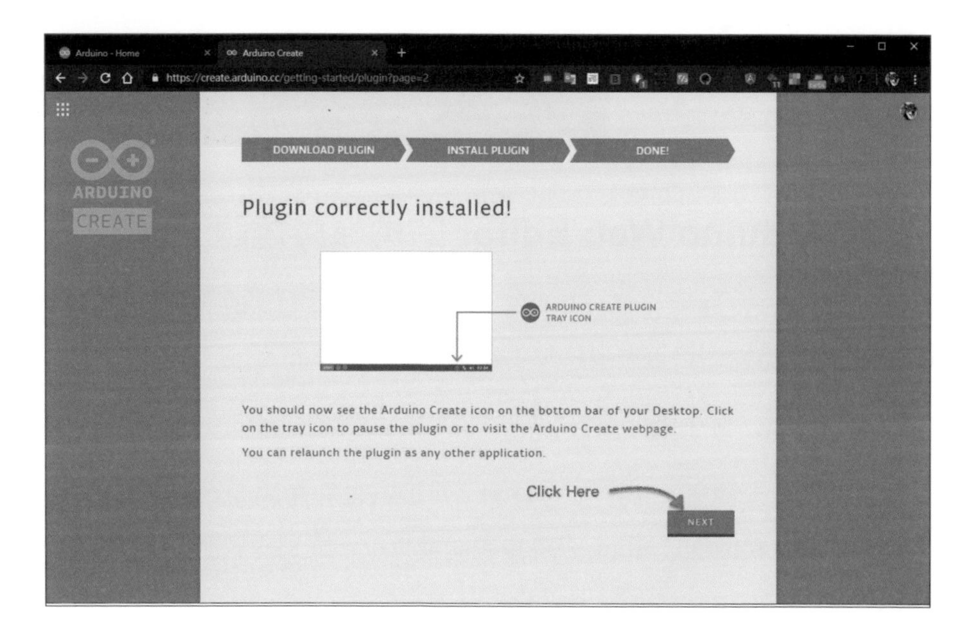

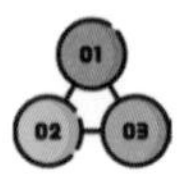

## 第三步：Arduino Web Editor 線上編輯介面相關介紹

安裝完連線套件後，電腦 USB 接上 Arduino UNO 板，會像下圖一樣有連接訊息跑出，代表已經電腦和開發板已經有連接，這樣就可以進行編寫程式和燒錄了。

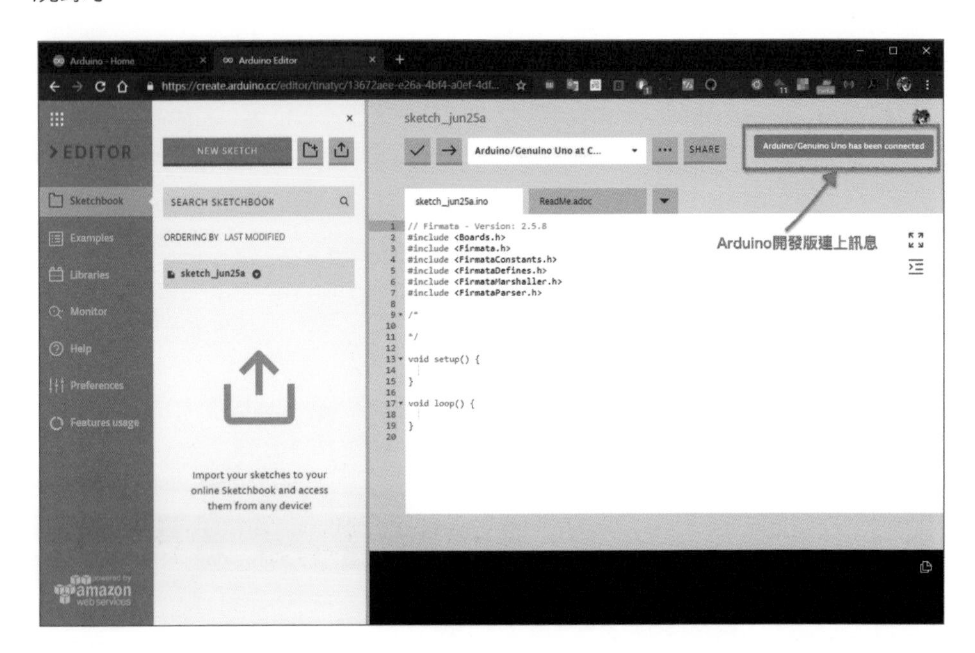


## 認識 Arduino Web Editor 的編輯與燒錄介面

這個就是我們用來編輯 & 燒錄的頁面，網頁版的介面和下載 IDE 的介面差不多，我們要使用這個網頁來燒錄程式到 Arduino 開發板。

**總共分成三大區，分別為：**

- **工具列**：最左邊綠色底的是工具列，可以選擇軟體相關功能，我們這次會示範使用範例程式 Blink 來燒錄到開發板中，達到測試開發板基本的測試。

- **程式編寫區**：黃色框框的部分是程式編寫區，要注意的是 Arduino 寫的是類 C 語言，**以我們的主題來說，是不能在這邊寫 JavaScript 的喔！**
- **硬體相關部分**：最上面的部分是硬體相關的部分，像燒錄程式和跑驗證程式、儲存程式碼等都是使用這一區的功能。

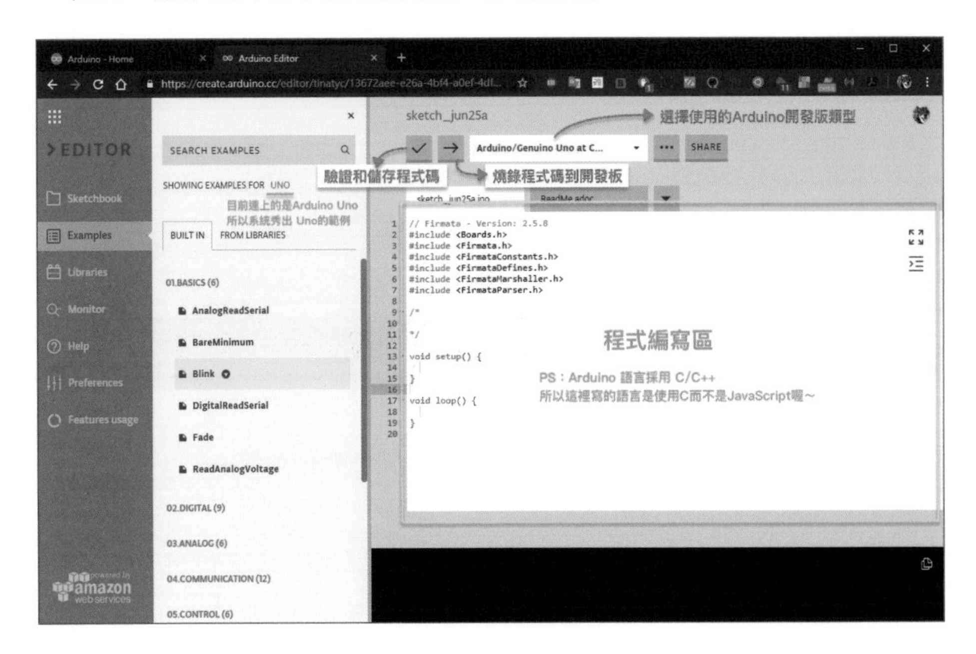


## 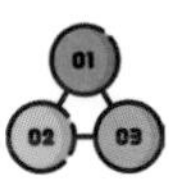 第四步：測試開發板 & 測試基本燒錄功能正不正常

終於要進入最後一個步驟了！
我們要來燒錄 Arduino 的範例程式，來測試開發板正不正常，能否進行燒錄作業？

首先點擊左側選單 Example → **選擇** Built In **裡的** Blink **範例 → 點擊之後，編輯區出現內建的 Sample 程式碼 → 什麼都不要改，按下編輯區上面的** Upload 燒錄。

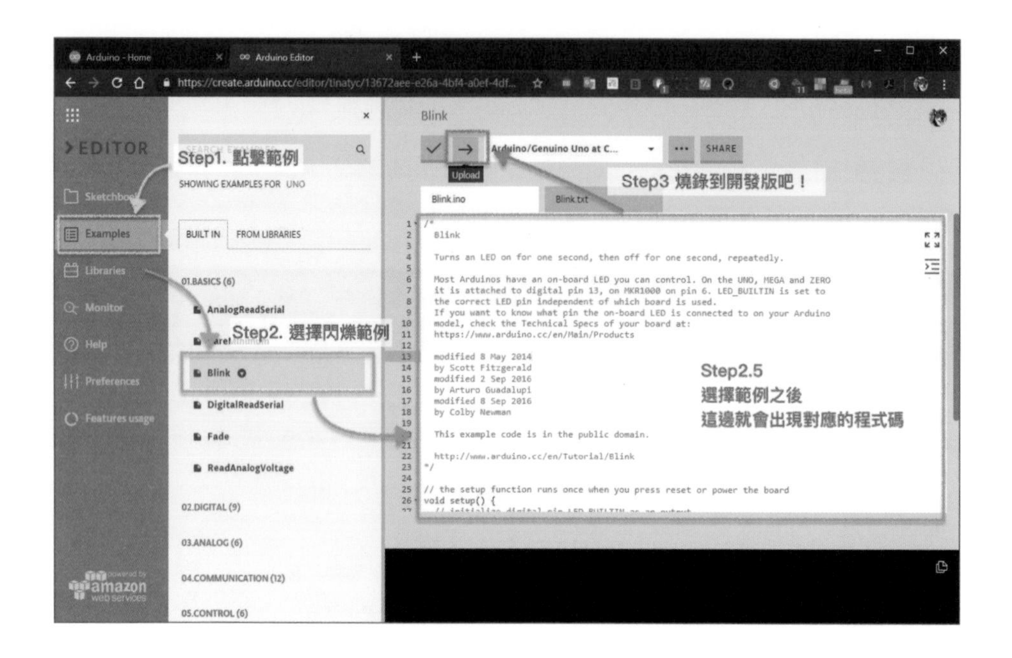


解釋按下 Upload 之後 Arduino Web Editor 會做哪些動作：

1. 編譯檢查程式有沒有錯誤，若有程式上的錯誤，則會出現錯誤訊息，並停止動作。
2. 檢查 Arduino 與電腦連接的狀態，有無問題；若有問題則出現錯誤訊息，且停止動作。
3. 以上都沒有錯誤的情況下才會進行燒錄動作喔～

所以有出現任何的報錯，請再檢查看看開發板連接上有沒有問題、軟體有沒有安裝成功等…

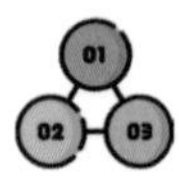

## 第五步：檢視結果！恭喜完成人生第一個電子產品！

如果以上都沒有問題的話，燒錄成功會出現「Success: Saved on your online Sketchbook and done uploading Blink」的訊息，代表 Blink 程式燒錄成功！

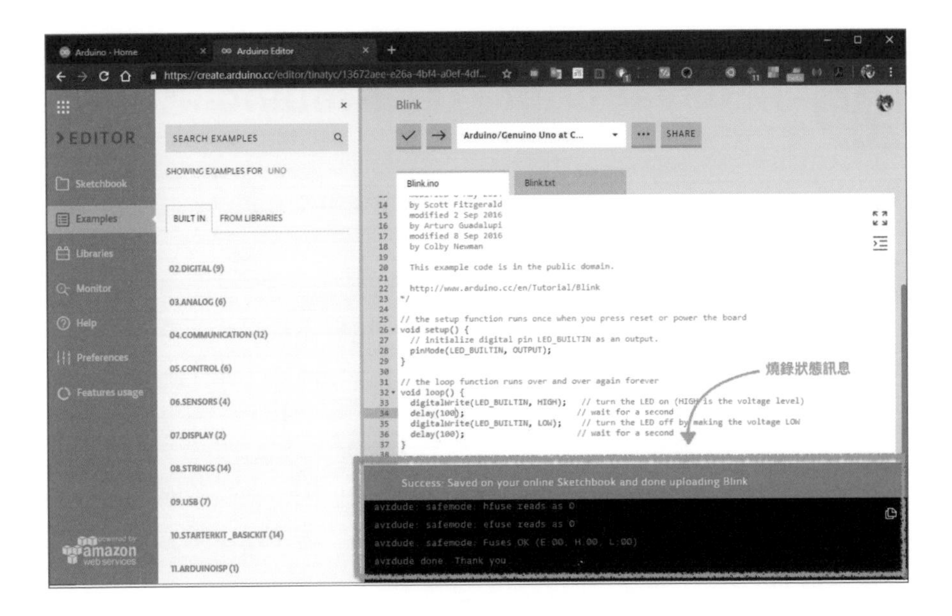


Arduino 開發板會即時呈現程式的內容！

所以我們接著看 Arduino 開發板，如果以上操作上都沒有問題的話，開發板內建的 LED 將會閃爍，頻率是**一秒閃爍一次**；如果你看到板子開始閃爍，即代表開發板、開發環境等都沒問題成功囉！(* ´∀`)~♥

## 恭喜完成你人生中第一個電子產品了！

雖然說這些步驟比較無聊，但都是之後檢測硬體、開發環境好壞的基礎！

把前置作業安裝、測試好，未來我們就可以排除不必要的問題進而邁向自造玩具的夢想前進囉！(๑•̀ㅂ•́)و✧

# 用 JavaScript 控制 Arduino 吧！

## JavaScript 終將統一世界！

上一篇章，我們利用 Arduino 的原生語言來測試開發板是否正常，以及燒錄範例程式，來測試開發板和程式、作業環境是否功能都正常，並且讓大家了解熟悉並操作一下 Arduino 的開發環境～

本魯宅筆者雖然在大學修過 C 語言之類的課程，但因為太久沒有練習幾乎都忘光光了... 出社會後也沒機會碰到編寫程式類的工作，後來因為興趣使然轉職，進而學習到 JavaScript 這門有趣的語言！

如果想更加認識 JavaScript 的話，筆者推薦可以看 Kuro 老師的著作《0 陷阱！0 誤解！8 天重新認識 JavaScript ！》關於 JavaScript 的技巧和容易混淆的地方都寫得很清楚，值得拜讀與收藏喔！

然而，在筆者心裡一直有著創造出些什麼的熱情燃燒著～
心中一直有一個疑問⋯

「有沒有辦法把現在喜愛的語言和電子硬體連結在一起呢？
有沒有辦法用 JavaScript 寫 IoT 呢？」

最後，經過筆者一番搜尋後和實驗驗證後答案是，可以的！

**透過 Node.js 加上 Johnny-Five 這套 JavaScript 的 Framework 就可以達成我們的目標，是不是很棒阿！(✪ω✪)**

Node.js 加上 Johnny-Five 創造出無限可能！

**接下來，**
**就讓我們看看要怎麼用 JavaScript 來一統軟、硬體的世界吧！**

## Node.js + Johnny-Five 環境安裝介紹

這篇要手把手教大家使用 Node.js 實做控制 Arduino 開發板上的 LED 燈，使 Arduino 一秒閃爍一次；

這次的安裝環境步驟會比較繁雜一點，請讀者耐心一步一步做好做完，因為這邊也是未來作為開發很重要的基本環境安裝設定，就和要蓋好建築物，地基一定要打好是一樣的道理！（~~很重要說三遍~~）

事不宜遲，那麼就開始動手吧！＼(· ×· ´)ゞ

### 這邊需要準備的材料有

－硬體的部分－

- Arduino UNO ＊ 1 片
- USB Type B 線材 ＊ 1 條

－軟體＆環境的部分－

- Node.JS 穩定版（LTS）即可
- Arduino Web Editor
- NPM Johnny-Five module

準備好之後要開始囉，請耐心一步一步操作～ Let's go ！(๑•̀ㅂ•́)و✧

我們這次會需要 Firmata 函式庫做為程式和硬體間溝通的橋樑，需要燒錄 Firmata 函式庫到 Arduino 裡，那 Firmata 是什麼呢？

## Firmata － 搭建軟體與硬體之間的橋樑

Firmata 協定（protocol）是**規範微處理器如何和主機端互相傳遞資料的協定**；

而 Firmata 函式庫（library）則是**實現 Firmata 協定，讓 User 可以用自己習慣的程式語言來編寫韌體，而不需要額外建立微處理器與主機端之間的溝通方式與協定，讓 User 可以輕鬆用慣用的程式語言來和硬體互相溝通、通訊。**

用比喻的方式來說，**Firmata 像一座橋樑搭在主機端和 Arduino 上，可以用不同的程式語言讓資料、訊號在主機端和 Arduino 間傳遞訊息、控制腳位等等...**

【Arduino Firmata Library 官方的原文介紹】

Arduino Firmata 連結：https://www.arduino.cc/en/reference/firmata

The Firmata library implements the Firmata protocol for communicating with software on the host computer. This allows you to write custom firmware without having to create your own protocol and objects for the programming environment that you are using.

了解 Firmata 的特性後，我們要來燒錄 Firmata 函式庫到 Arduino，這樣才能用 JavaScript 操控 Arduino。

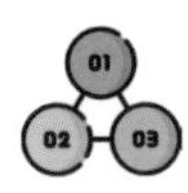

## 第一步：燒錄 Firmata 函式庫到 Arduino 中

電腦 USB 接上 Arduino 後，開啟 Arduino Web Editor 頁面。

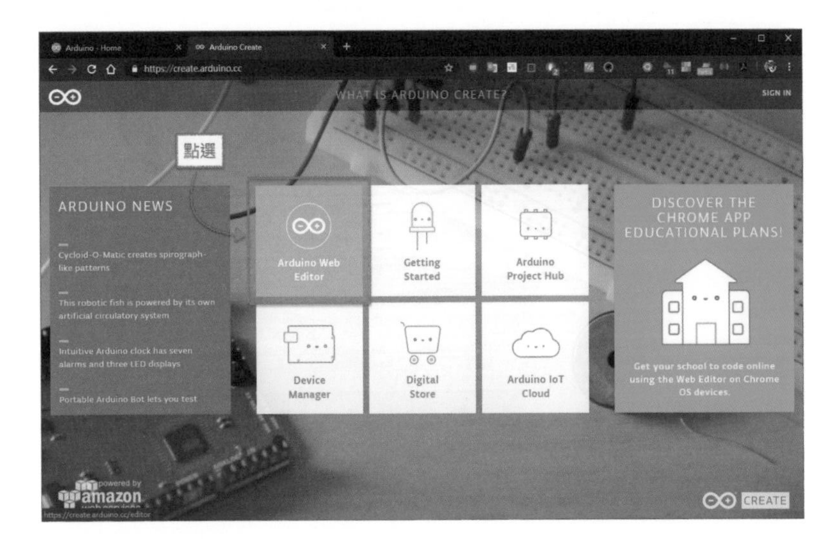


最左邊的選單選擇 Libraries → Search Libraries 中輸入「firmata」→ 找到 Firmata 函式庫 → 下拉選單可以選擇版本，選擇最新版本。

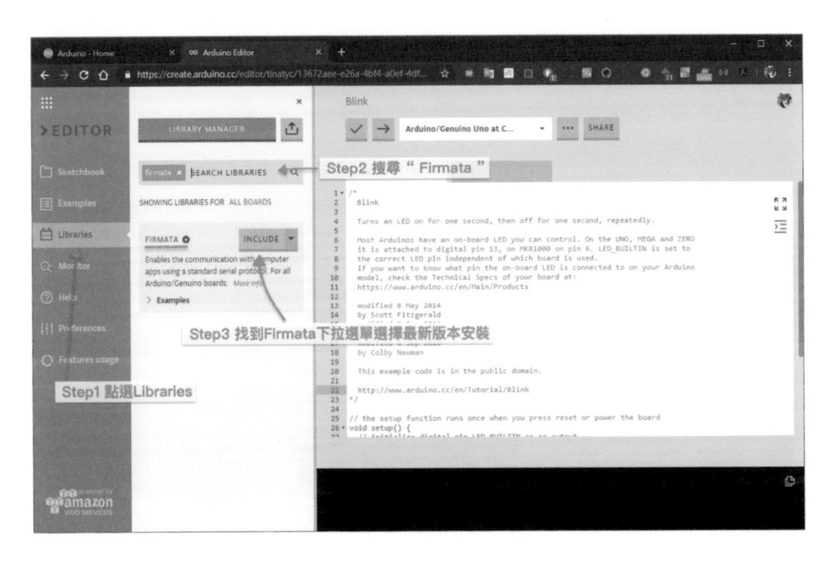

點選 Firmata 函式庫中的“Example”範例程式「StanardFirmata」→什麼都不要改，按下編輯區上面的 Upload 燒錄到 Arduino 即可。

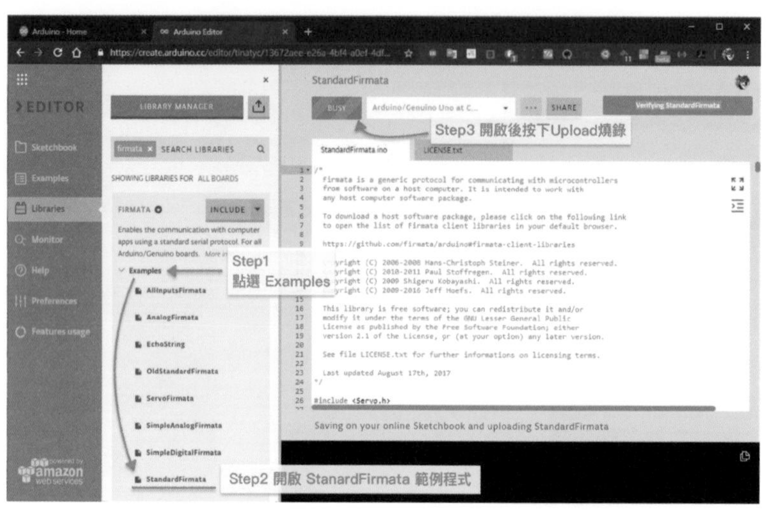


〈正在燒錄 Firmata 進 Arduino 的畫面，等待幾秒鐘…〉

都沒有問題的話，燒錄成功會出現「Success: Saved on your online Sketchbook and done uploading StandardFirmata」的訊息，代表 Firmata 燒錄成功囉！

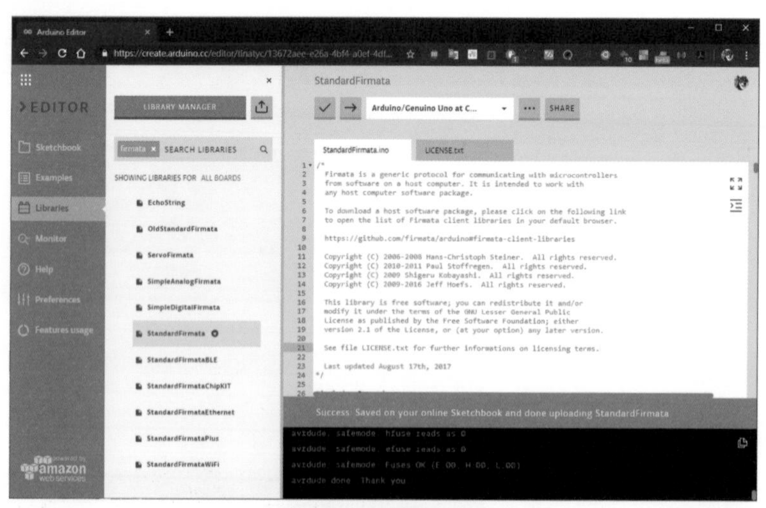

〈燒錄 Firmata 成功的樣子 ٩(๑•̀ω•́๑)۶〉

## 重要的 Node.js 和 NPM 管理套件

硬體方面沒有問題的話，接下來我們要處理電腦主機端的環境了。

我們要藉由 Node.js 來安裝 Johnny-Five 套件，Johnny-Five 擁有豐富的函式，我們可以使用 Johnny-Five 提供的 API 來編寫程式讓 Arduino 動作，創造出無限的可能，做出我們想要的玩具～(ง๑ •̀_•́)ง

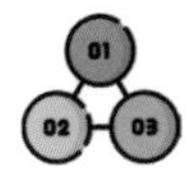


### 第二步：安裝 Node.js（若先前有安裝過則可以忽略此步驟！）

到 Node.js 官方網站下載並安裝套件，選擇你使用的 OS 系統並下載安裝。

**Node.js 下載連結**：https://nodejs.org/zh-tw/download/

~~（因為安裝過程就是一直按下一步下一步，所以過程就省略不截圖了 ...）~~

**安裝完成後，我們可以使用 Terminal*註 來驗證是否安裝 Node.js 成功**

筆者的作業系統是蘋果的「MacOS」，終端機軟體是「iTerm2」，只有介面不同其他功能是一樣的，所以看到不同的介面不用緊張；我們可以利用 `node -v` 這個指令來查詢安裝的 Node.js 版本，**如果安裝成功的話，便會出現 Node 的版本別。**

開啟終端機 → 輸入 `node -v` → 出現 Node.js 的版本別

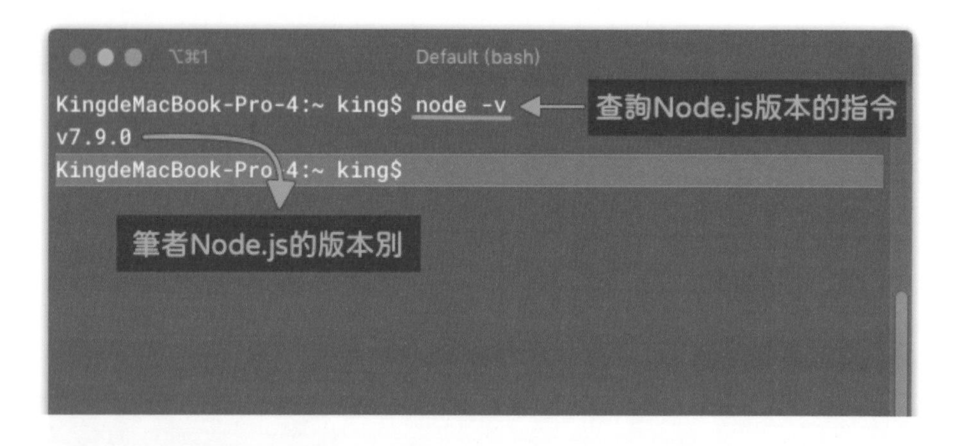


接下來，我們需要 NPM 套件，**NPM 是 Node Package Manager 的簡稱，即「node 包管理器」**，用 JavaScript 編寫的軟體套件管理系統；可以用來下載各式各樣的 JavaScript 套件並管理使用。

因為 NPM 管理套件會在安裝 Node 的時候一起隨之安裝到電腦裡，故這邊就不贅述另外安裝的過程了，但我們一樣也可以利用指令來查看 NPM 的版本別以及確認是否有無安裝到。

一樣開啟終端機 → 輸入 `npm -v` → 會出現安裝的 NPM 的版本別

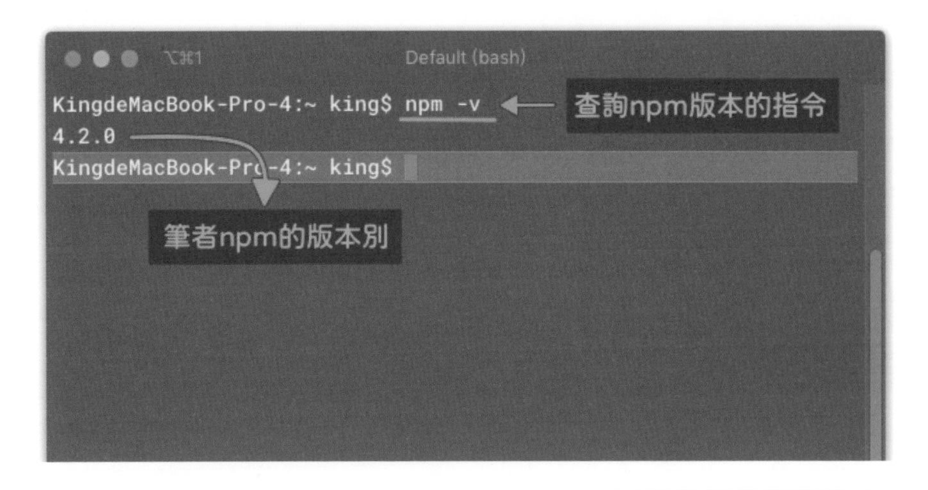


註：【Terminal 在各個 OS 的中文名稱】
MacOS：終端機；Windows：命令提示字元或者也叫終端機。也可以自行下載第三方的終端機工具，例如：cmder、iTerm2.. 等

## 使用 NPM 創建新專案

接下來，我們要創新專案並且安裝 Johnny-Five 套件用 JavaScript 來控制 Arduino，這邊需要一點點 Node.js 的基礎能力來操作以下步驟，筆者帶著大家手把手一步一步來創建專案，步驟如下 (๑•̀ㅂ•́)و✧

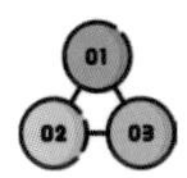


### 第三步：創建 package.json

剛剛提到 NPM 是用來管理下載各 JS 套件包的工具，那麼我們要下載 Johnny-Five 套件時，要先創建新專案，**而 NPM 在創建初始專案時，會需要填寫專案的相關資訊，這些資訊會寫入進一支叫 package.json 的檔案之中！**

package.json 可以把他比喻成日常生活中，我們在購買商品時外包裝都會有的資訊貼紙一樣，我們要購買這項商品時，很容易就可以清楚知道這項商品的製造日期、內容物等。

而 package.json 的特性正是如此！因此在創立新專案時，系統會要求新增 package.json 檔案，就是為了就是讓開發者和系統都可以輕鬆掌握專案的資訊。

> 參考連結－ Creating a package.json file：
> https://docs.npmjs.com/creating-a-package-json-file

開啟終端機 → 輸入指令 `npm init`

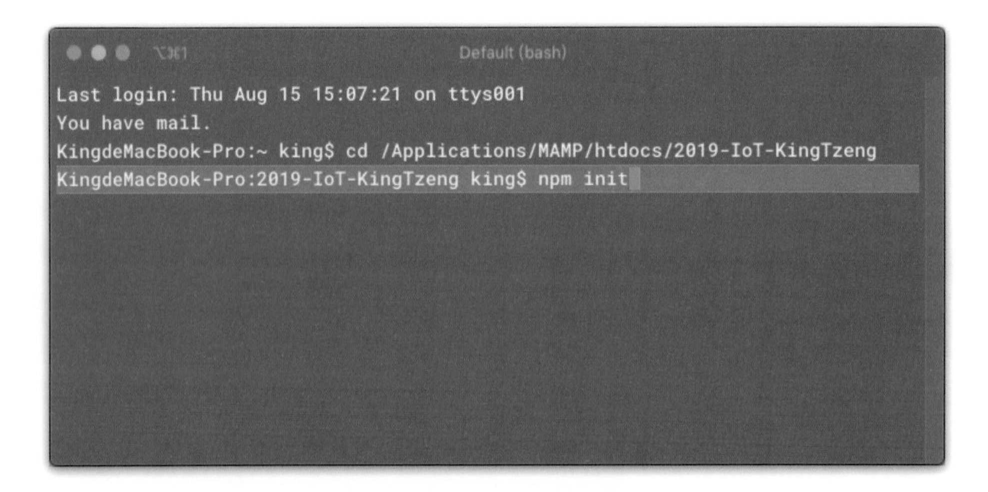


**接下來系統會要求填寫此專案的資訊，要填的有：**

- name：專案的名稱；
  需要注意的是命名要全小寫英文，不能使用空格，符號可以包含下底線「_」或是連字符符號「-」，為必填。

- version：專案的版本；
  字串的格式必須為 x.x.x，並遵循語義版本控制準則 *註 1，預設為「1.0.0」。
- description：描述專案的資訊；
- entry point：node 的入口檔案；
  若沒有指定的話預設是 index.js。
- test command：測試的 Script；
  預設情況下會創建一個空的測試腳本。
- git repository：git 的位置；
  若有 git remote 的網址可以填這邊。
- keywords：專案的關鍵字；
  倘若未來發佈，可以增加被搜尋的機率。
- author：專案作者；
- license：專案授權；
  預設是 ISC 授權條款 *註 2。

**註 1：語義版本控制準則**（semantic versioning guidelines）：為了保持 JS 套件包的可靠度及健康度，在發佈新版本時，package.json 中應該包含更新的版本號等等，而版本號有助於讓開發人員更快了解程式的修改程度如何，故訂下的規範。
**參考連結：**https://docs.npmjs.com/about-semantic-versioning

**註 2：ISC 授權條款**，ISC License 是一種開放原始碼授權條款，這份授權條款是由網際網路系統協會（ISC，Internet Systems Consortium）所發明，條款內容簡單敘明授權之利用方式、著作權及免責聲明，並要求該軟體之副本均應附上著作權及免責聲明；

以上除了專案的名稱為必填，~~其他想略過的話也可以一直按 enter 就好~~，沒填的 NPM 會直接使用預設值，可以看以下的影片一步一步跟著做！

最後會系統會產生 json 格式確認輸入的資訊，若有 Key 錯的地方也不用太緊張，未來還可以開啟 `package.json` 修改。(*~´∀`)~

```
Default (node)
name: (2019-IoT-KingTzeng) iot_king_tzeng
version: (1.0.0)
description: pratice & enjoy to be marker
entry point: (index.js)
test command:
git repository:
keywords:
author: King Tzeng
license: (ISC)
About to write to /Applications/MAMP/htdocs/2019-IoT-KingTzeng/package.json:

{
  "name": "iot_king_tzeng",
  "version": "1.0.0",
  "description": "pratice & enjoy to be marker",
  "main": "index.js",
  "scripts": {
    "test": "echo \"Error: no test specified\" && exit 1"
  },
  "author": "King Tzeng",
  "license": "ISC"
}


Is this ok? (yes)
```

輸入完專案資訊後確認無誤輸入 y 或是 yes 後，資料夾便會產出 package.json 檔案，這樣就大功告成了！

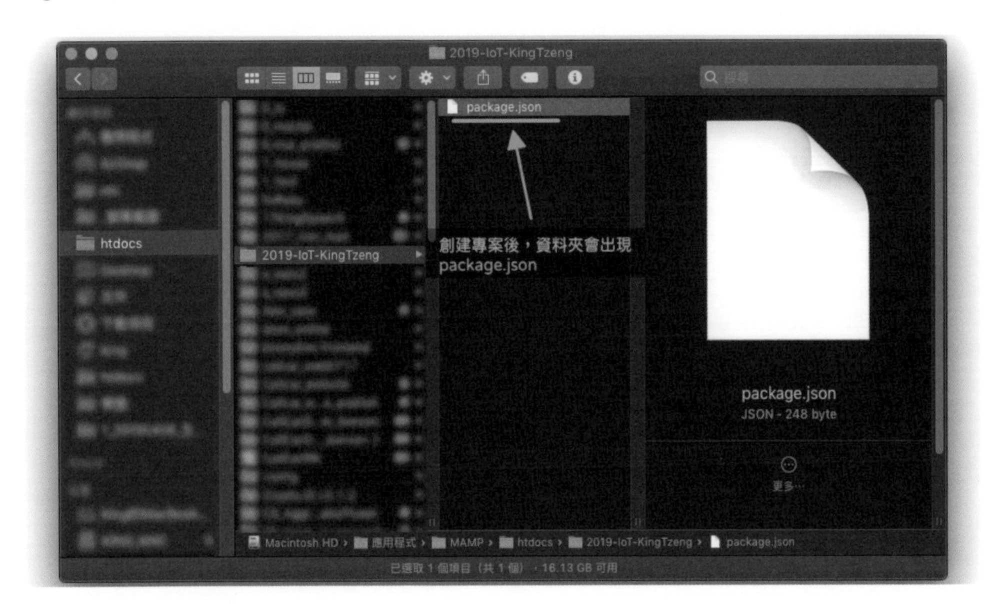


## 使用 NPM 安裝 Johnny-Five 套件

創建好新專案之後，就可以來安裝最主要的 Johnny-Five 套件了！

一樣我們會用輸入指令的方式來安裝，最後一個步驟了大家加油，那我們就繼續吧！ (ง๑ •̀_•́)ง

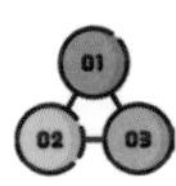


### 第四步：使用 NPM 安裝 Johnny-Five 套件

> NPM Johnny-Five Package 連結處：
> https://www.npmjs.com/package/johnny-five

一樣開啟終端機 → 到專案資料夾路徑下 → 輸入 `npm install johnny-five --save` → 按下 enter 鍵 → 開始安裝

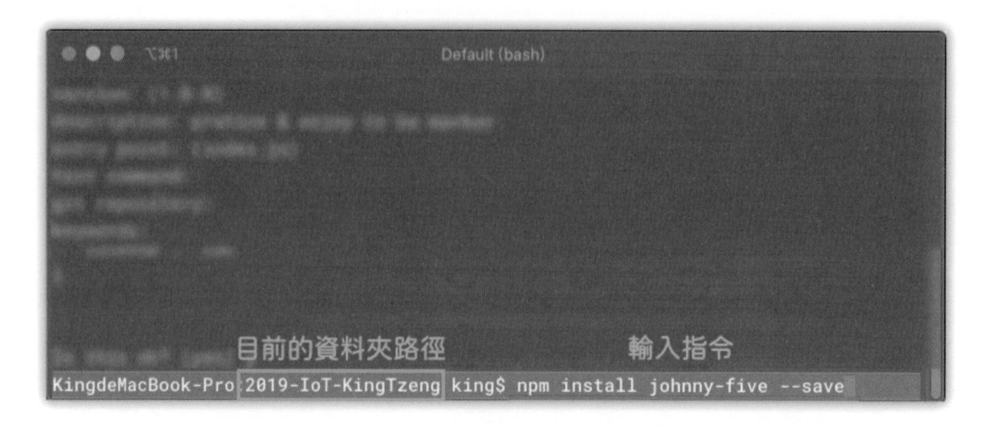


NPM 開始安裝會跑一陣子，等樹狀架構圖出現，沒有出現 `Error` 訊息就代表安裝完成了！

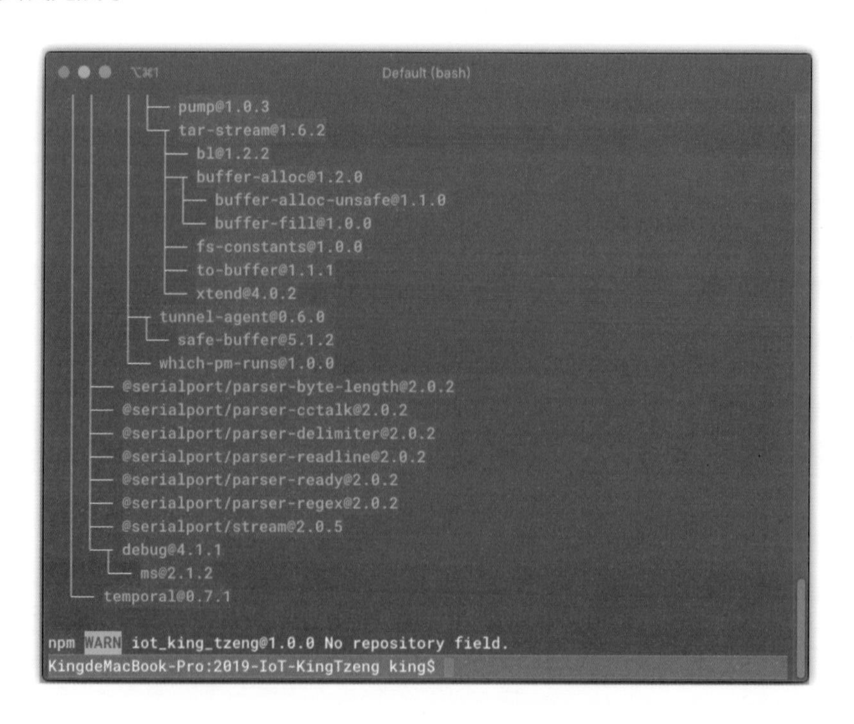

現在我們可以回頭打開專案資料夾，可以看到「**node_modules**」這個資料夾，裡面有安裝相關的套件，其中有「**johnny-five**」的資料夾，就代表安裝成功囉～完成！ε٩(๑> 3 <)۶з

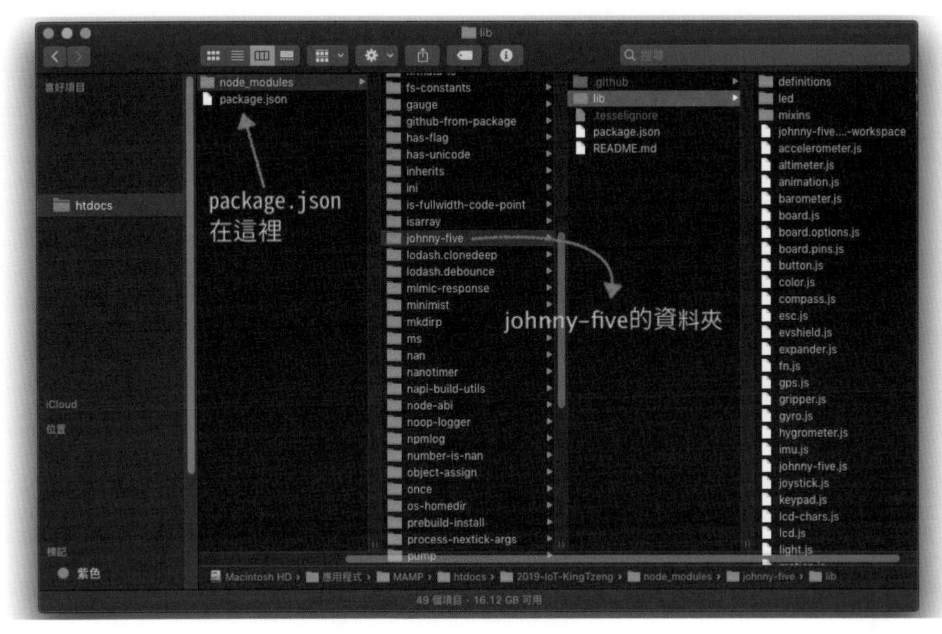


〈 資料夾結構應該會像這樣↑ 〉

雖然環境的安裝比較搞剛、搞比較久也比較無聊⋯

但俗話說 **“工欲善其事，必先利其器 “**，只要有耐心的安裝好環境，後面也可以少排除一些問題，就可以安心的玩啦！(๑•̀ω•́)ノ

有 Johnny-Five 造福我們這些新手開發者，讓我們可以簡單的進入物聯網的世界！後面的章節會有電子方面的實做，可能對不是本科系的人來說會比較難理解，但筆者會盡力描述與講解的！

**我們就繼續慢慢看下去吧～(๑•̀ㅂ•́)و✧**

# 用 JavaScript 寫出你第一個 IoT 程式吧！

## Hello World ！歡迎進入 Johnny-Five 的新手村！

初音未來出生說的第一句話「Hello World」！(冷 .........)

「Hello Word」是學習程式一切的開始，大家是否會想起在螢幕上印出第一個「Hello World」那時的感動嗎？ヽ(･ ×･ ´)ゞ ~~(好多廢話)~~

我們現在就要實際寫出第一個用 JavaScript 來控制 Arduino 的程式了！
讓 Arduino 的第一個 “Hello World” 程式「Blink」，用來閃耀你的心吧～(✪ω✪)

### 這邊需要準備的材料有

－硬體的部分－

- Arduino UNO ＊ 1 片
- USB Type B 線材 ＊ 1 條

## 來 Coding 吧！程式碼如下 (ง๑ •̀_•́)ง

```
1 var five = require('johnny-five')
2 //引入johnny-five
3
4 var board = new five.Board()
5 //宣告Arduino開發版
6
7 board.on('ready', function () {
8   //當Arduino開發版ready好，做以下動作
9
10   var led = new five.Led(13)
11   //宣告LED在開發版第13腳
12
13   led.blink(1000)
14   //每1000毫秒 LED會亮→滅→亮→滅...持續的閃爍
15 });
```

## 程式裡做了哪些事情呢…

第 4 行 var board = new five.Board();

程式開始要先呼叫 Johnny-five 的 Board() 函式，這個意思是告訴電腦「**通訊埠 (COM port) 與 Arduino 開發板連接，並創建初始化**」，而 Johnny-Five 在官方文件上特別標示說呼叫 Board() 函式時，可以**不用設定特定的通訊埠 (COM Port)**，Johnny-Five 會自動選擇連接的通訊埠...

但是為什麼要特別提到這行呢 ... (◉ ‿ ◉') a

> Johnny-Five API Component Class － Board：
> http://johnny-five.io/api/board/

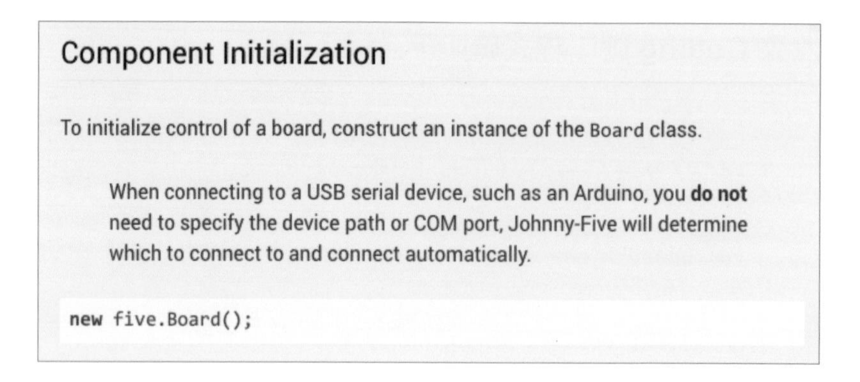


因為，雖然官網是說‘不用’特別設定 COM Port，但筆者一開始就遇到了沒有設定通訊埠而報的錯 ... (●▾●;)a

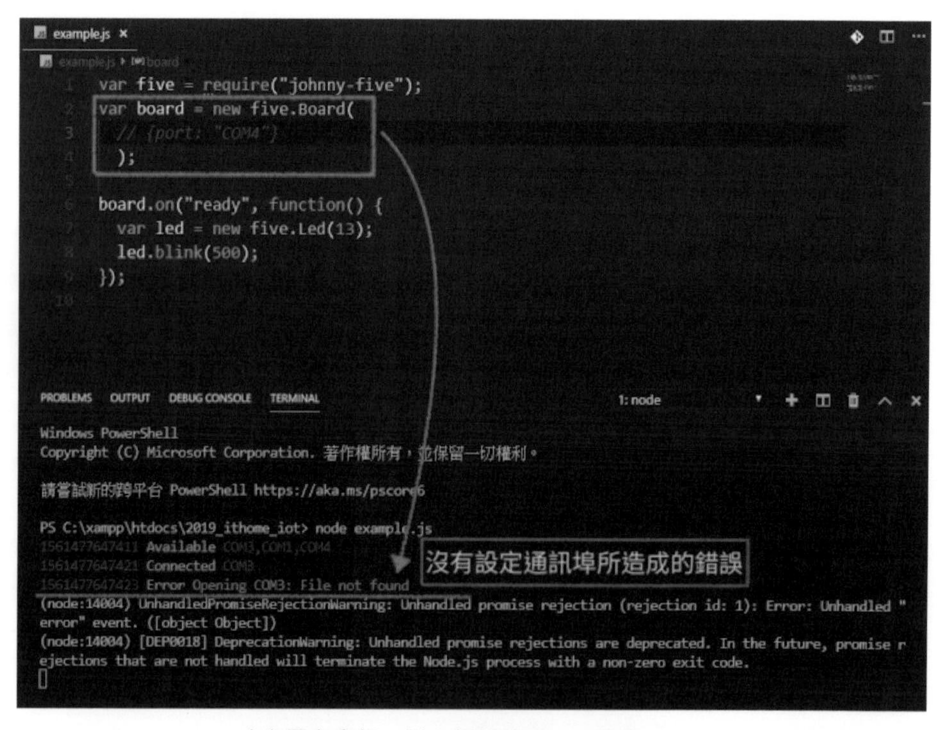


〈 有圖有真相，附上報錯截圖以示負責… 〉

PS：錯誤訊息為當時作業系統使用 Win 開發，後來用 macOS 後就沒有出現了…

所以為了保險起見，不論是使用什麼系統開發我們還是都加一下參數好了 ...(ㅎᴗㅎ)

```
1 var board = new five.Board({
2   port: '目前Arduino和電腦連接的Port',
3 });
```

那我們要如何知道 Arduino 連到哪一個通訊埠呢？

- Win 的使用者可以透過裝置管理員查看
- Mac、Linux 的使用者需要在終端機下輸入指令 `$ ls /dev/tty.*`

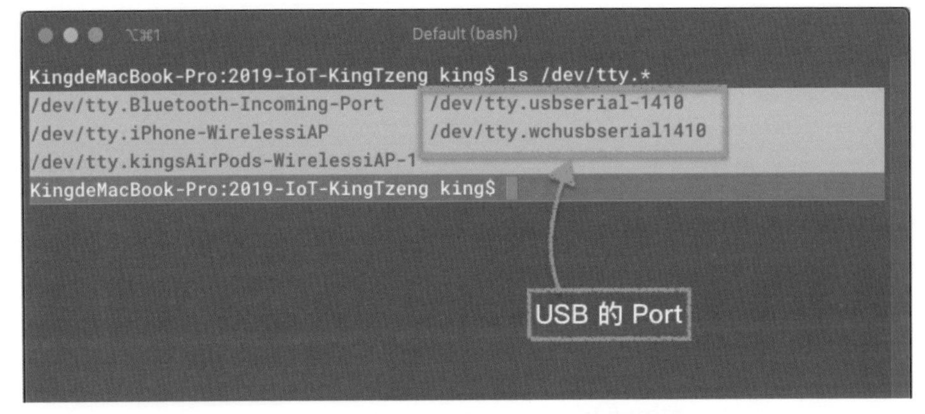


圖片使用 MacOS 系統示範，這樣就可以查看 Arduino 連接的是哪一個 COM port 了呦～

〈 MacOS 下使用 Linux 指令查看正在使用的通訊埠 COM port 〉

## 繼續 Johnny-Five 之旅

Johnny-Five 的寫法沒有什麼特別不同的地方，平時有在寫 JavaScript 的朋友們應該都會蠻熟悉的，可以看到第 7 行的 `board()` 函式監聽物件元素，當有事件發生時，開始執行相對應的內容動作。

```
1 board.on('ready', function () {
2   //當Arduino開發版ready好，做以下動作
3   //執行的內容
4 });
```

第 10 行 利用 Johnny-Five 的 led() 函式，宣告開發板第 13 隻腳為輸出腳位，當有動作時會輸出 High，點亮 LED。

```
1 var led = new five.Led(13)
2 //宣告LED在開發版第13腳
```

第 13 行 宣告的 LED 利用內建的函式 blink(); 來做閃爍的動作。

```
1 led.blink(1000)
2 //每1000毫秒 LED會亮→滅→亮→滅...持續的閃爍
```

其動作為 LED on-off 這樣算一次動作，在括號裡面填寫毫秒數，LED 燈會在相對毫秒內做完一次閃爍（即 on → off）的動作。

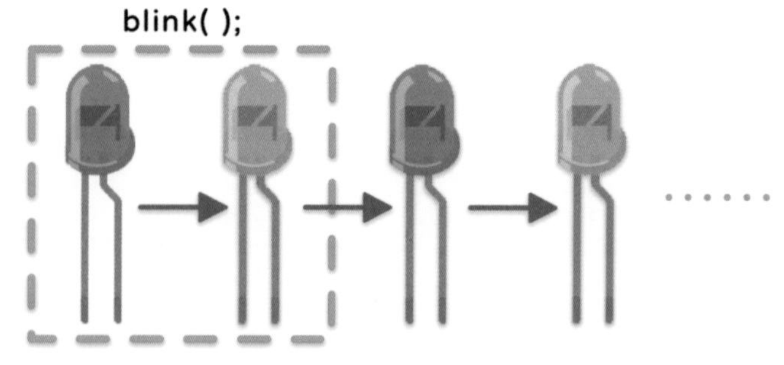


其動作為 LED on-off 這樣算一次動作

## 以電子角度來解析

```
1  var led = new five.Led(13);
2  //宣告LED在開發版第13腳
3
4  led.blink(1000);
5  //每1000毫秒 LED會亮→滅→亮→滅...持續的閃爍
```

這段程式代表**開發板的第 13 腳為輸出腳位，電壓會從這隻腳位輸出；**

而 `blink();` 這個函式其實就是電壓不斷的一直 5V → 0V → 5V → 0V → 5V 的變化然後持續循環下去。

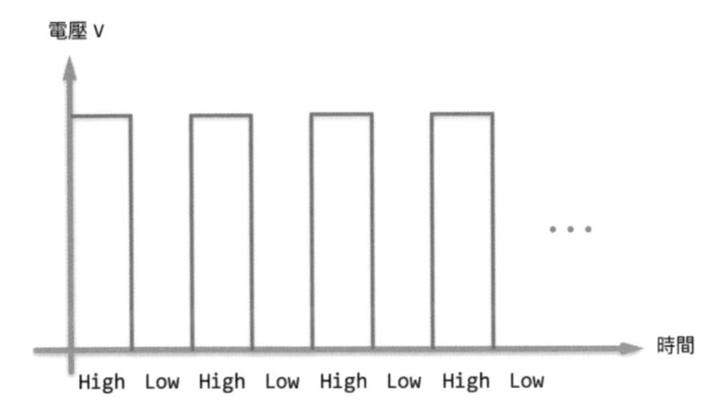


〈 若使用示波器觀察，可得到這個波形圖↑ 〉

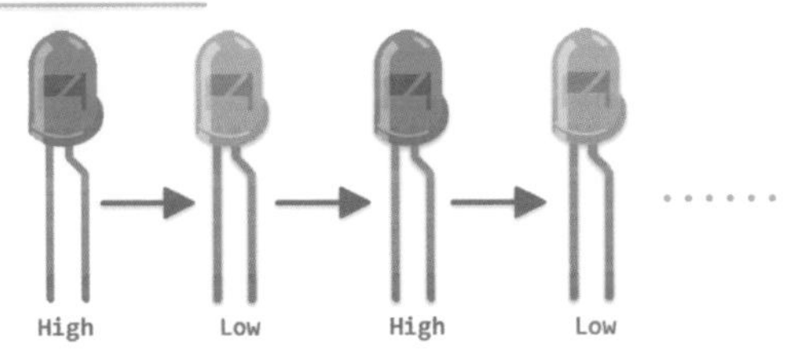


〈 實際上肉眼看到 LED 的變化↑ 〉

## Run 起來！ Node.js GO ！

將程式寫好後，我們開啟終端機到該目錄底下輸入 `node 檔名.js`，電腦便會連接上你的 Arduino 開發板；若連接成功，則會在終端機吐出的訊息中看到〝Connected COM port〞並開始執行程式動作，現在應該可以看到板子上的 LED 燈一閃一閃的吧！d( ·∀·)b

```
var five = require("johnny-five");
var board = new five.Board({
    port: "COM4"
});

board.on("ready", function() {
  var led = new five.Led(13);
  led.blink(500);
});
```

```
    at Board.log (C:\xampp\htdocs\2019_ithome_iot\node_modules\johnny-five\lib\board.js:654:8)
    at Board.(anonymous function) [as error] (C:\xampp\htdocs\2019_ithome_iot\node_modules\johnny-five\lib\board.js:665:14)
    at Board.<anonymous> (C:\xampp\htdocs\2019_ithome_iot\node_modules\johnny-five\lib\board.js:396:14)
    at ontimeout (timers.js:475:11)
    at tryOnTimeout (timers.js:310:5)
    at Timer.listOnTimeout (timers.js:270:5)
PS C:\xampp\htdocs\2019_ithome_iot> node example.js
1561477731345 Connected COM4
1561477735105 Repl Initialized
>>
```

〈 就是這麼簡單 ！ ʅ( ´◔౪◔ )ʃ 〉

## 恭喜你用 JavaScript 統一軟體世界了！ヽ(◕ ◞౪◟ ◕‵)ﾉ

本章節為第一個範例程式，希望大家可以一起來實做看看！

雖然現在只是點亮一顆小小的 LED 燈，但在將來還有更多的玩法，大家一起在遊戲中學習，也歡迎大家如果有問題可以尋找筆者的聯絡方式，一起來討論喔～(๑•̀ㅂ•́)و✧

# 了解 REPL 模式，利用 REPL 讓開發更快吧！

## REPL 是什麼？能吃嗎？

REPL 全名為「Read-Eval-Print Loop」**讀取 - 求值 - 輸出的循環**，是一種簡單的交互式的編輯環境；**藉由用戶輸入事件、表達式或是運算式，再由電腦進行處理運算，接著輸出給用戶，如此循環下去**。

REPL 模式很常見在前端開發者的開發環境中；像瀏覽器中的**開發者工具 Console drawer 視窗**、**使用終端機 Terminal 開啟 Node**，這些都是 REPL 模式。

### 常見的 REPL 模式範例－瀏覽器

這是 Web 瀏覽器中的一樣功能，所有主流瀏覽器也都有，這邊以 Chrome 瀏覽起為例，可以開啟瀏覽器中的開發者模式打開 Console drawer 功能，即 REPL 在這邊運行。

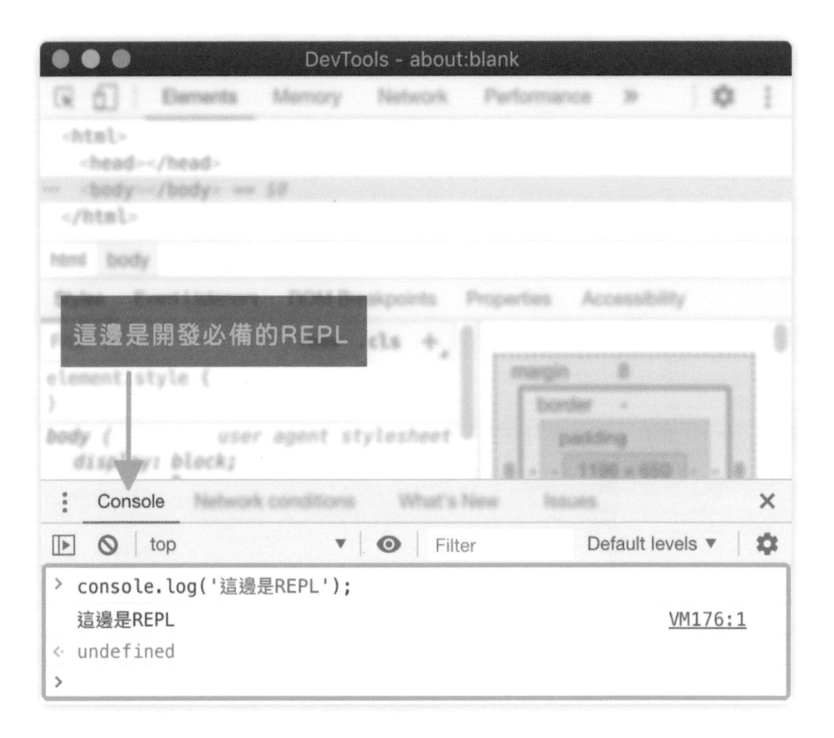


〈 Chrome 中，開發者模式的 Console drawer 〉

## 常見的 REPL 模式範例 – 終端機 Terminal

使用 Terminal 開啟 Node.js 的 REPL 模式；在不同系統中有些微不同的名稱，MacOS、Linux 中叫「終端機（Terminal）」或是 Win 的「提示命令字元」。

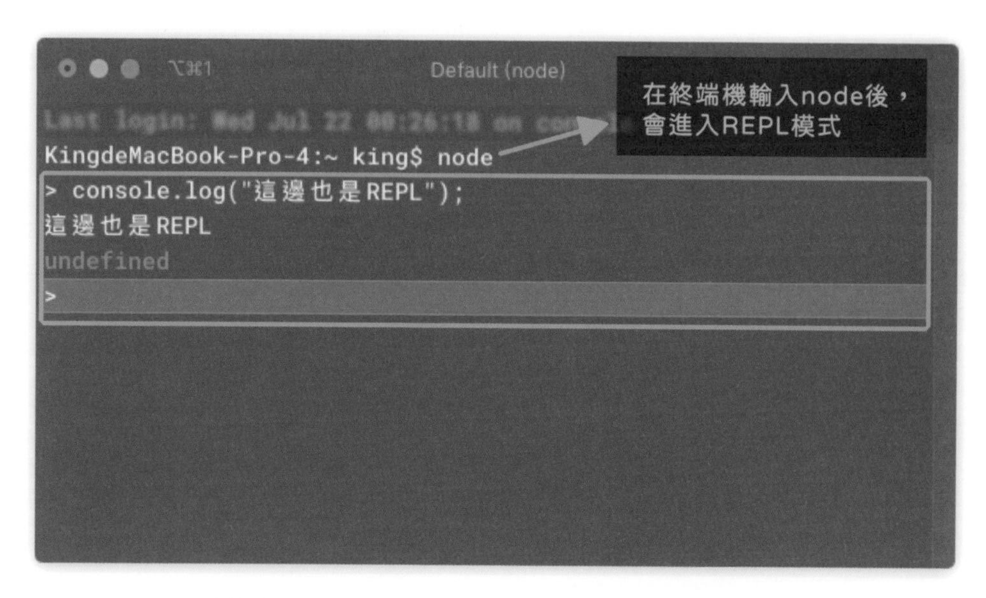


〈 筆者使用 iTerm2 輸入 node 指令，開啟 REPL 模式 〉

**REPL 模式提供即時看到運算的結果**；所以我們可以很方便的使用 JavaScript 在這些工具上 debug 或者開發等動作，大家可以多多善用之。(๑•̀ㅂ•́)و✧

## Johnny-Five 上的 REPL 模式

Johnny-Five 也提供了 REPL 的 API 供我們在開發上使用，接下來筆者說明要怎麼使用與呼叫 Johnny-Five 的 REPL 函式，讓我們在開發 Arduino 上更快速！

Johnny-Five API Component Classes － Board #REPL
http://johnny-five.io/api/board/#repl

- **repl** This is a reference to the active REPL automatically created by the `Board` class. This object has an `inject` method that may be called as many times as desired:
    - **repl.inject(object)** Inject objects or values, from the program, into the REPL session.

```
var five = require("johnny-five");
var board = new five.Board();

board.on("ready", function() {
  // Initialize an LED directly in the REPL
  this.repl.inject({
    led: new five.Led(13)
  });
});
/*
  From the terminal...

  $ node program.js
  1423012815316 Device(s) /dev/cu.usbmodem1421
  1423012818908 Connected /dev/cu.usbmodem1421
  1423012818908 Repl Initialized
  >> led.on();
  >> led.off();

*/
```

這邊我們要使用 Johnny-Five 提供的 REPL 範例程式，示範 Arduino 會怎樣動作(ง๑ •̀_•́)ง

實做範例：Johnny-Five 的 REPL 範例程式

Johnny-Five REPL 範例：
http://johnny-five.io/examples/repl/

## 這邊需要準備的材料有

－硬體的部分－

- Arduino UNO ＊ 1 片
- USB Type B 線材 ＊ 1 條

## 來 Coding 吧！程式碼如下 (ง๑ •̀_•́)ง

```
1 var five = require("johnny-five");
2 var board = new five.Board();
3
4 board.on("ready", function() {
5     console.log("Ready event. Repl instance auto-
  initialized!");
6
7     var led = new five.Led(13);
8
9     this.repl.inject({
10        // 寫在這邊的函式可以透過REPL來操控
11        // 範例為操控LED的亮(on)與滅(off)
12        on: function() {
13            led.on();
14        },
15        off: function() {
16            led.off();
17        }
18    });
19 });
```

## 程式裡做了哪些事情呢…

第 4 行

當開發板 on ready 狀態後，第 9 行呼叫了 Johnny-Five 內建的方法 `repl.inject(Object)` 寫在小括號裡的物件或是值、自訂函式會加入 REPL 的會話（session）之中，可以透過 REPL 模式來做即時的操控動作。

第 9 ～ 18 行

範例程式碼中，我們在 repl.inject(); 裡撰寫操控 LED 亮滅的自訂函式，來示範簡單的 LED 亮和滅的功能。

## 示範時間，執行範例檔 repl.js

在本篇範例程式裡增加上一篇介紹的「blink」功能來實際示範給大家看。\(・×・)ゞ

【repl/repl.js】

```
 1 var five = require('johnny-five');
 2 var board = new five.Board();
 3 
 4 board.on('ready', function() {
 5   var led = new five.Led(13);
 6 
 7   console.log('REPL Ready!');
 8   this.repl.inject({
 9     on: function() {
10       console.log('打開LED囉～');
11       led.stop();
12       led.on();
13     },
14     off: function() {
15       console.log('關掉LED');
16       led.stop();
17       led.off();
18     },
19     stop: function() {
20       console.log('stop');
21       led.stop();
22     },
23     blink: function() {
24       console.log('LED閃～閃～');
25       led.blink(500);
26     },
27   });
28 });
```

**先說實驗結果！\(· ×· ˊ)ゞ**

在 REPL 模式下呼叫相對應的函式，呼叫 `on();` 函式 LED 會隨之亮起，輸入呼叫 `off();` 函式 LED 會隨之熄滅，輸入 `blink();` 函式 LED 會開始閃爍等動作。

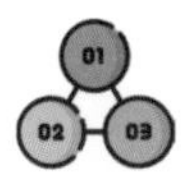


## 第一步：在 Terminal 啟動 REPL ！

> PS：筆者的開發環境 IDE 是 Visual Studio Code，可以在 VSCode 編寫程式中同時開啟終端機非常方便！故截圖的介面程式為 VSCode，若要另行使用別的 IDE 和 Terminal 都是可以的喔！

上面的範例程式編寫完成後，取名為 `repl.js`，接著開啟 Terminal 輸入 `node repl.js`，電腦便會透過 USB 通訊埠（COM Port）上傳程式到 Arduino 開發板上。

## 啟動 REPL 模式的動作解析

執行 Node JS → 電腦開始找連接埠 → 連接上 Arduino 開發板 → 執行 REPL 模式 → REPL Connected 後，REPL 模式隨之初始化 → 開始執行或可呼叫自訂函式、物件等動作。

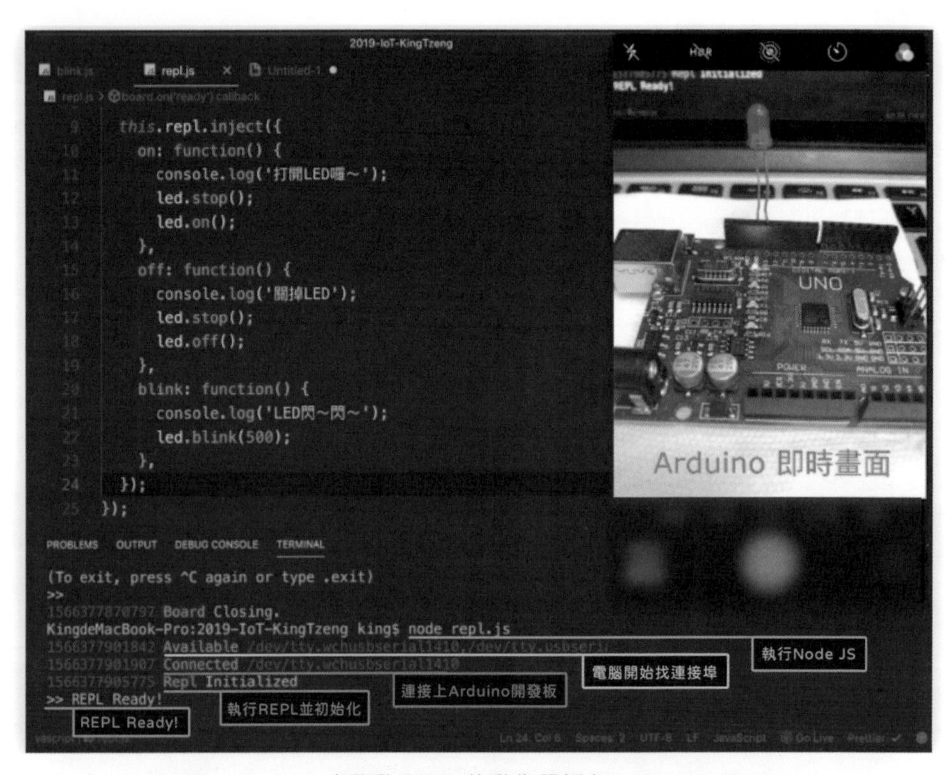


〈 啟動 REPL 的動作解析 〉

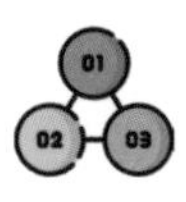

## 第二步：用 REPL 即時操控 LED 燈

接下來我們來試著操控 **LED 燈即時的亮、滅、閃爍功能**，在 REPL 模式中分別執行 function on()、off()、blink() 來看實作結果。

### REPL 模式下呼叫函式 on();

在 Terminal 裡輸入自訂函式「on()」，即呼叫 repl.inject 中的 on 函式，函式中使用 Johnny-Five 中的 **led.on();** 點亮 LED 方法，即可看見 Arduino 上的 LED 隨之亮起。

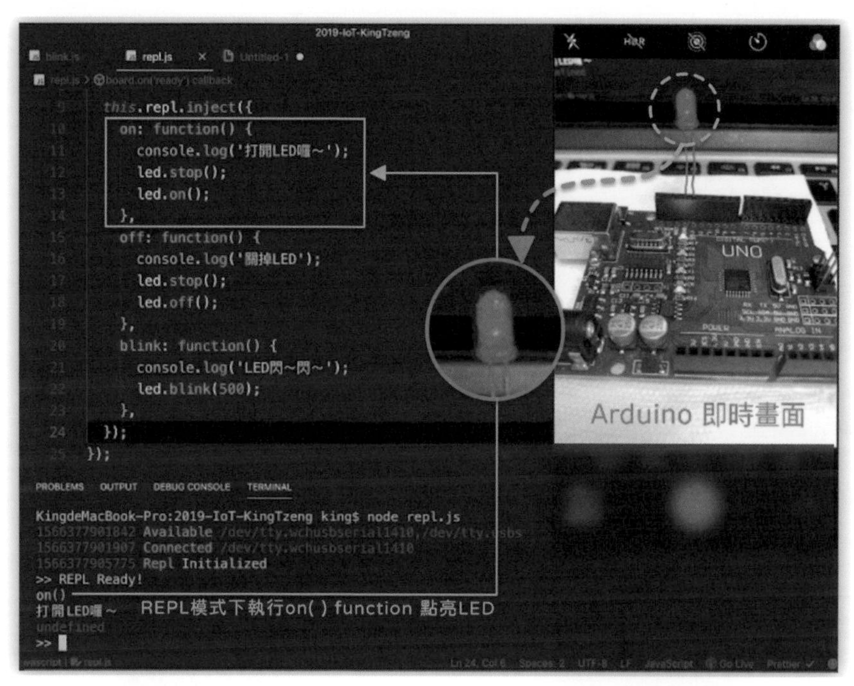

## REPL 模式下呼叫函式 off();

在 Terminal 裡輸入自訂函式「off()」，即呼叫 repl.inject 中的 off 函式，函式中使用 Johnny-Five 中的 **led.off();** 熄滅 LED 方法，即可看見 Arduino 上的 LED 隨之熄滅。

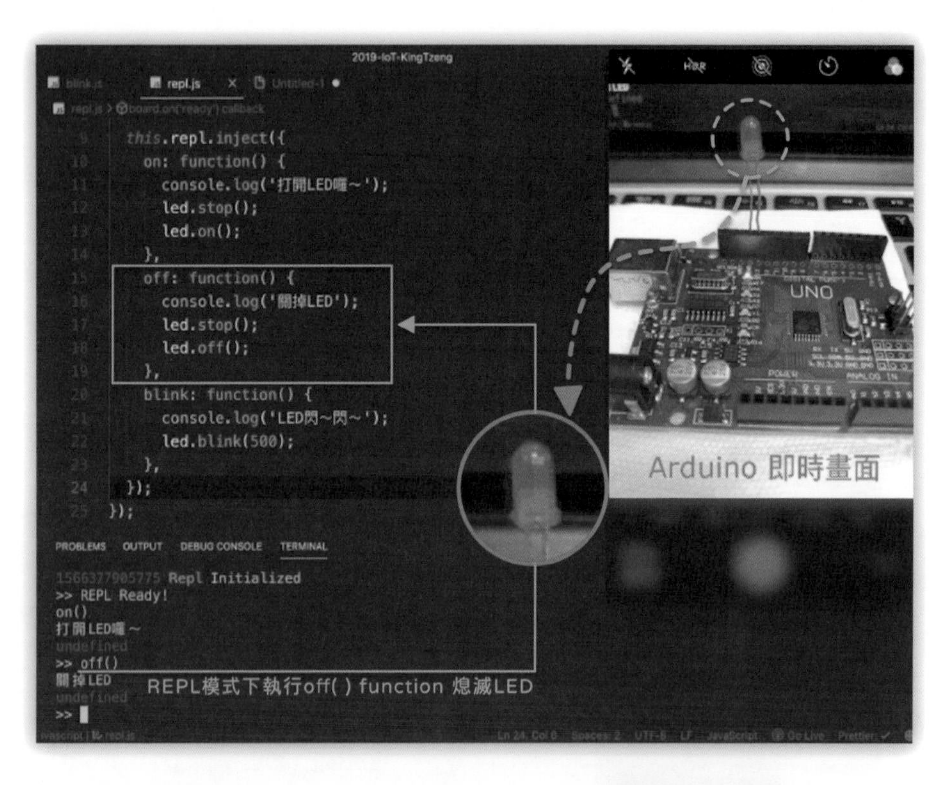

## REPL 模式下呼叫函式 blink();

在 Terminal 裡輸入自訂函式「blink()」，即呼叫 repl.inject 中的 blink 函式，函式中使用 Johnny-Five 中的 led.blink();LED 閃爍之方法，並設定 0.5 秒閃爍一次，呼叫後可看見 Arduino 上的 LED 閃爍不停。

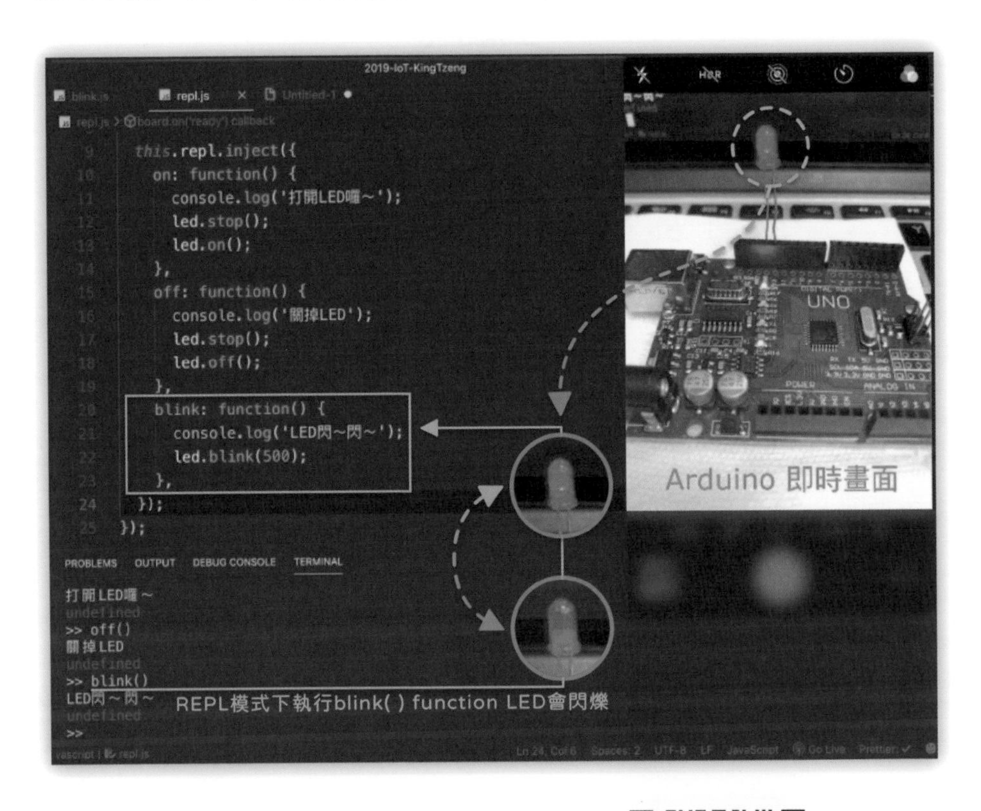

## Johnny-Five 的 REPL 方法

讀取函式 → 運算資料 → 輸出到 Arduino 運行結果 → 再繼續等待下一個循環動作 → ……

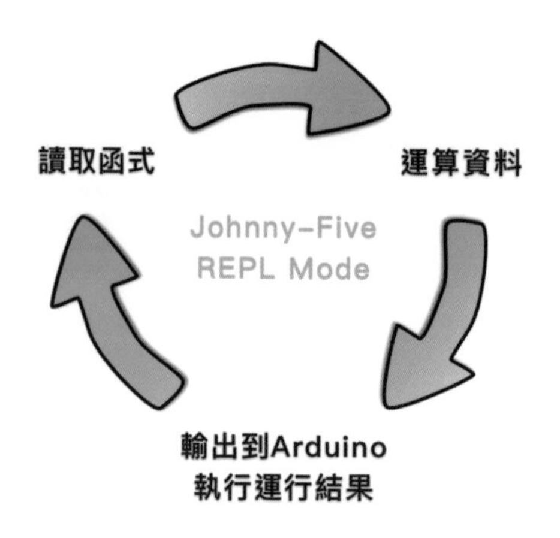


很方便吧！ ＼(・ ×・ ´)ゞ

這就是 Johnny-five 提供 REPL 的方法，讓我們可以**簡易的查看實現的結果**！

接下來我們都會依賴 REPL 模式來幫助我們，在開發上能即時的看到 Arduino 的實驗結果，所以請讀者們多多練習喔！(•´ω｀•)ゞ

CHAPTER

# 02

# 初進 IoT 的世界，Hello LED World ！

# 初進 IoT 的世界，Hello LED World ！

進入新手村，我們的第一個要講解的是⋯

**發光二極體（Light-emitting diode），就是我們俗稱的「 LED 」**

回溯歷史，從只有紅光、綠光兩個顏色時代，直到 2014 年藍色光的 LED 被研發出來才造就現在多彩的 LED 顏色光譜！

> 2014 年憑藉「發明高亮度藍色發光二極體，帶來了節能明亮的白色光源」，天野浩與赤崎勇、中村修二共同獲得諾貝爾物理學獎。
> 節錄 wiki 維基百科－**發光二極體**：https://w.wiki/Xj3

魯宅筆者以前在讀高職、大學的時候，也都沒有藍色 LED 可以用 ...
後來自己跑去光華商場買，藍色一顆就要 10 元超貴的！(●▾●;)a

> PS：當時的紅、綠色 LED 一顆只要 2、3 元 ...

## LED 有極性嗎？要怎麼分辨呢？

LED 有極性之分！

就和電池一樣有正極和負極，LED 也是有正極和負極；筆者這邊教大家如何分辨 LED 的正負極，我做了幾張圖來解說：

### ✡ 從外觀來判斷

依規範來說，LED 的端子「**長腳為正極，短腳為負極**」，可以觀察下面圖片 LED 的外觀來看，拿到的 LED 零件會有一長一短的插腳。

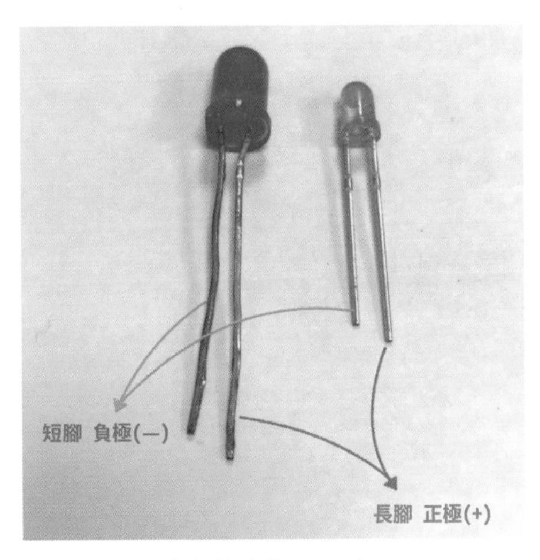


〈 本魯宅的 LED 〉

那麼問題來了！你們心中一定會有很大的疑問…

如果不小心在路上撿到一顆 LED(~~欸？~~)，但是它的接腳已經被剪掉了…那要怎麼辨別呢？(˘･з･)

沒關係！還有方法可以辨別的！(๑•̀ㅂ•́)و✧

仔細看 LED 的外觀邊緣處不是正圓形的，有一邊會有一個切面（平面）的特徵，那就是負極了！

- LED 包裝外觀的切面處－從下往上看（畫紅線的地方）

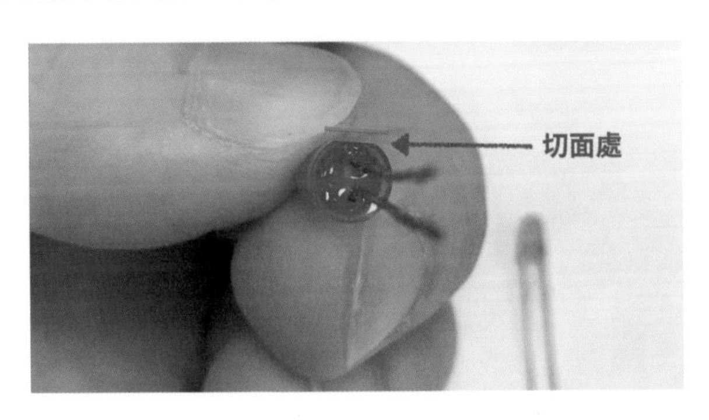

- LED 包裝外觀的切面處－從上往下看（畫紅線的地方）

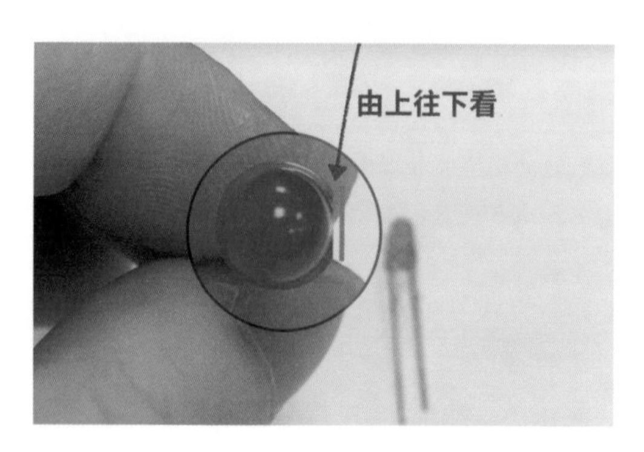


以上兩種是由外觀來辨別 LED 的極性；但當然有一些廠商 **‘可能’ 不會照著規範製作 LED**，這時候就會產生誤會了…

**那還有什麼方法可以辨識 LED 的極性呢？( ˘･з･)**

當然有！而且是最建議使用的方法！(๑•̀ㅂ•́)و✧

「使用三用電表來量測是最準確的方法！」

## 用三用電表來量測判斷

**最好的方法還是用電表來測試一下 LED 的好壞**，在寫程式的時候也可以先排除硬體故障的因素；電子技術的世界很大就和 ~~JavaScript 原形鍊一樣~~，雖然本書無法把所有測試儀器都解釋，但是要玩 IoT 三用電表是一定要準備的基本配備！（~~就像你玩遊戲打怪要帶藥水對吧…~~）

〈 各式各樣的三用電表；截圖自 Google 圖片搜尋 〉

## 如何用三用電表量測 LED 的極性呢？

使用三用電表量測的步驟是：

先調到蜂鳴 ( 開斷路 ) 測試檔 → 目視 LED 長腳、短腳 → 紅棒接 LED 的長 ( 正 ) 腳，黑棒接 LED 的短 ( 負 ) 腳 → 如果會亮就代表成功了！

不亮的話反過來接再試一次，如果上述重複測試都沒有亮的話，可能要考慮看看是不是 LED 燒毀或是瑕疵損毀、三用電表檔位調錯、沒電等問題，試著排除問題再試試吧！(ง๑ •̀_•́)ง

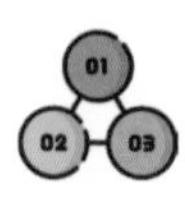


## 第一步：先調到蜂鳴測試檔

電表上的旋鈕轉到蜂鳴測試檔位，此時大家可以試試看紅棒與黑棒相碰，蜂鳴器即會發出「嗶～」的聲音，代表電表內部的電路迴圈形成閉合迴路，即測試電路導通狀態；當兩棒分開時，此時電表內部的電路迴圈斷路了，即電流無法在迴圈中由正極出發流到負極，無法形成電路迴圈，故蜂鳴器無聲響。

此測試方法也可以測試電表方面是否正常，若測試棒的實體線路有問題或者電表燒毀、沒電等，這種測試方法可以快速排除問題之所在。

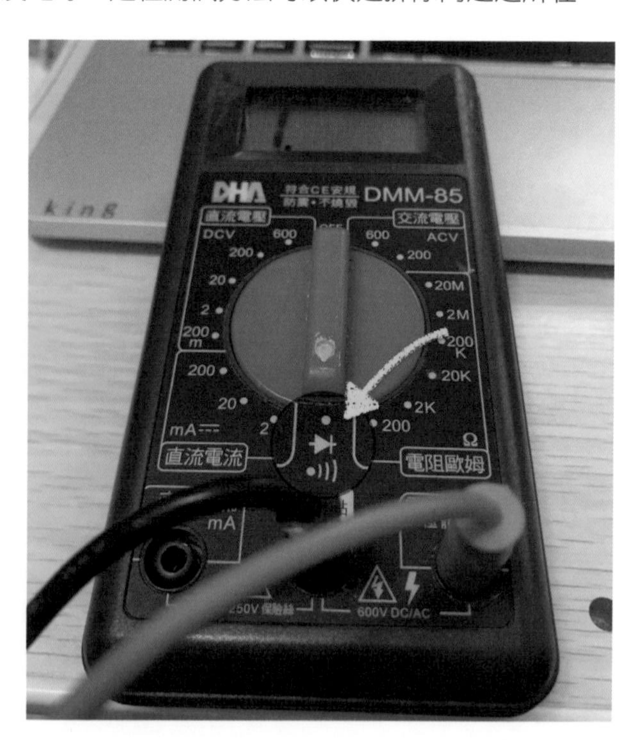

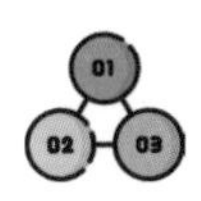

## 第二步：用電表測試棒測試 LED

電表的紅色測試棒代表正極，黑色測試棒代表負極，把測試棒分別觸碰 LED 的接腳上，若受測 LED 為正常品，電路迴路導通後 LED（發光二極體）就會隨之亮起，不亮的話反過來接再試一次試試看；若重複測試 LED 下，都沒有發光的話則受測 LED 可能為故障品，無法點亮該顆 LED 燈（前提為電表方面沒問題）。

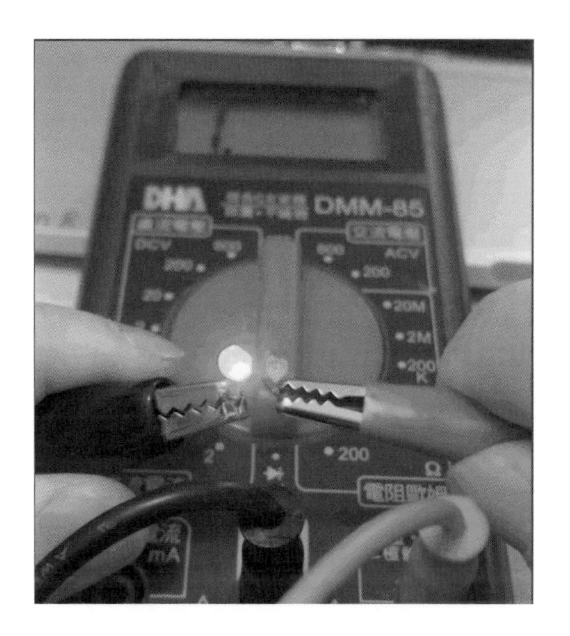


點亮 LED，則紅色測試棒觸碰到 LED 的接腳為正極，黑色測試棒觸碰到 LED 的接腳為負極，此為精確的 LED 接腳判斷測試法，讀者們可以試著一起動手測試看看，指針式的三用電表也亦同喔！

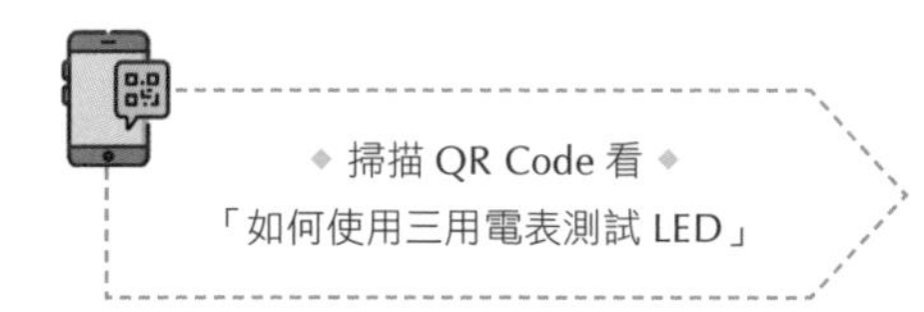

# Johnny-Five 的 LED Level 1 練習

LED 零件就介紹到此，接下來要說 Johnny-Five 提供了什麼 LED API 給我們。

> Johnny Five API Component Classes － LED：
> http://johnny-five.io/api/led/#api

Johnny-Five 提供 13 種 LED 方法可以讓我們做使用，包括打開 LED、熄滅 LED、切換 LED 狀態、停止 LED 動作、LED 閃爍等動作。

## 新手村 Level 1 －最簡單的 LED 方法

### ◆ on();

功能：打開 LED。

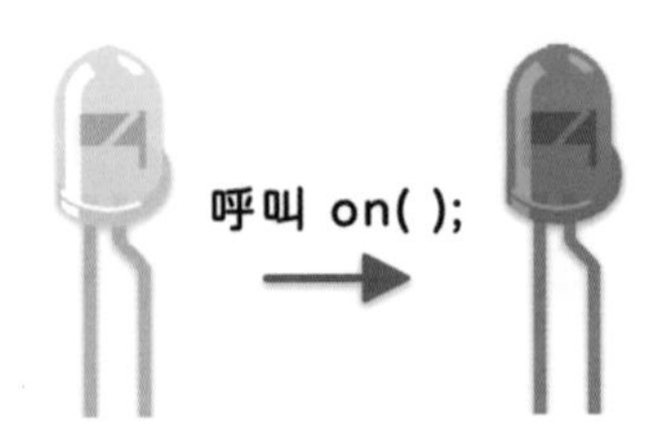


### ◆ off();

功能：熄滅 LED。

但是特別注意如果你的 LED 正在執行 strobe() 或是 blink() 的話，執行 off() 會沒有作用！得先執行 stop() 函式停止 strobe() 或是 blink() 才行。

## ◆ toggle();

**功能：切換 LED 目前的狀態。**

如果 LED 目前為亮則滅、為滅則亮。

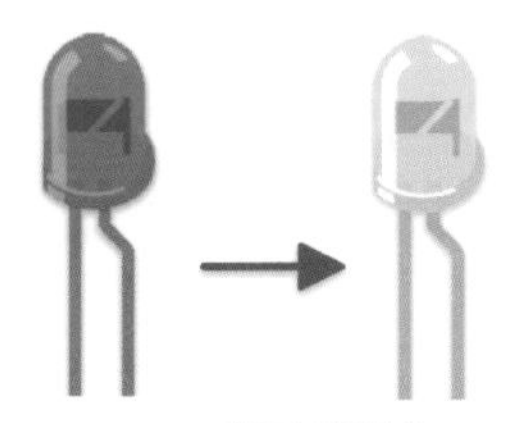

**LED若亮則滅**

**呼叫 toggle( ); 轉換LED狀態**

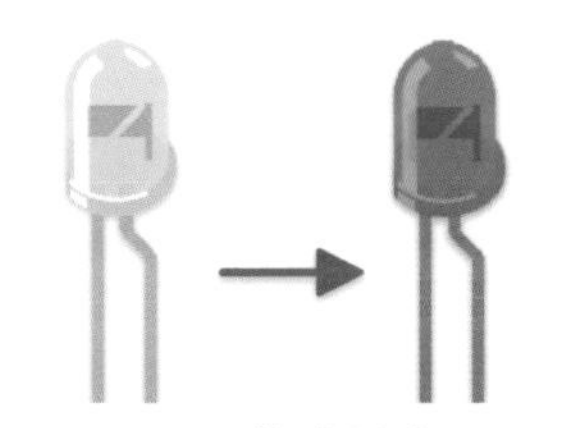

**LED若暗則亮**

**呼叫 toggle( ); 轉換LED狀態**

## ◆ blink(ms, callback); / strobe(ms, callback);

**功能：讓 LED 閃爍，ms ( 毫秒 ) 為頻率的閃爍。**

可以利用 stop() 的方式讓閃爍停止，但特別注意停止的是計數器，而不是讓 LED 回到滅 (Off) 狀態。

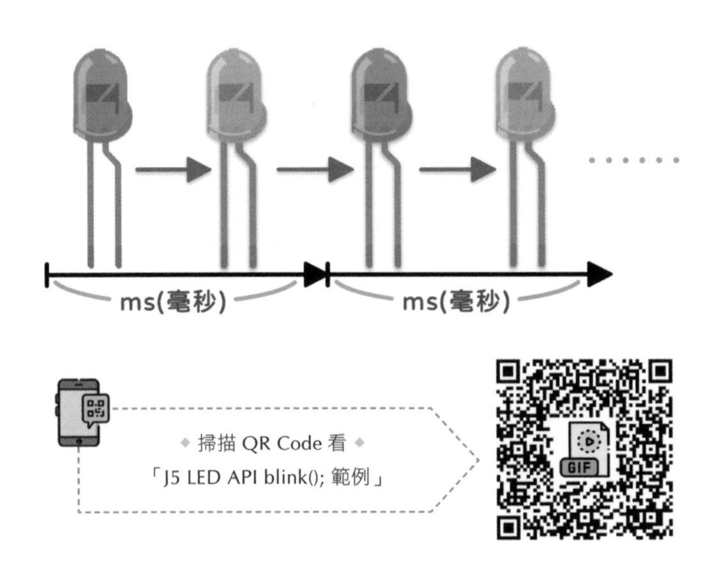


PS：strobe 和 blink 經筆者測試看不出有什麼差別，就連 Johnny-Five 的官網解釋都說 blink 只是 strobe 的別名而已，所以本書就統一用 blink 吧。

## stop()

**功能：停止計數器。**

讓 blink、pulse 等有時間週期類的 **LED API** 動作停止。

但注意！停止的是程式的計數器，而不是讓 **LED** 回到滅 **(Off)** 狀態，如果要完全熄滅且關閉 LED 需要呼叫 stop() 和 off()。

### LED 完全熄滅且關閉的程式碼：

```
1 // 完全關閉LED
2 led.stop().off();
```

接下來我們要講到有變化的 PWM 讓 LED 有更多的狀態喔 ~ (๑•̀ㅂ•́)و✧

# Johnny-Five 的 LED Level 2 練習

## 加點變化吧！ PWM 脈波寬度調變

上篇只用了 LED 的簡單用法，這篇要來說明 LED 還有什麼玩法可以使用！首先要提到 PWM 這個名詞，PWM 全名為「脈波寬度調變（Pulse Width Modulation）」，簡稱：「脈寬調變」。

> 將類比訊號轉換為脈波的一種技術，一般轉換後脈波的週期固定，但脈波的工作週期會依類比訊號的大小而改變。
> 節錄 wiki 維基百科－**脈波寬度調變**：https://w.wiki/7ox

PWM 技術是一種對類比訊號電位的數位編碼方法，通過使用高解析度計數器（調變頻率）調變方波的占空比，從而實現對一個類比訊號的電位進行編碼。

最大的優點是從處理器到**被控制的對象之間的所有訊號都是數位形式的，無需再進行數位類比轉換過程；而且對雜訊的抗干擾能力也大大增強**，這也是 PWM 在通訊等訊號傳輸行業得到大量應用的主要原因。

把以上的文字簡化來說就是：

**「把類比訊號透過脈衝方波的方式編碼，來獲得數位電路的優點！」**

人是視覺的動物，筆者相信看完文字的講解後，應該對 PWM 還是一知半解 ~~(因為當初筆者也是⋯)~~，於是筆者做了圖解說明來解釋 (ง๑ •̀_•́)ง

> 第一個波形圖，紅色部分為原始類比訊號，藍色為鋸齒波；

在之前的文章提到過**類比訊號的特性是連續且不斷變化**；

現在有一個類比訊號（紅色波形）為一個正旋波，我們加入一個簡單的鋸齒波後把其相比之後，在任意時間點，假設**類比訊號比我們給予的鋸齒波來的大**，那麼產生出來的 **PWM 波形為 High 狀態**，反之**類比訊號比鋸齒波來的小**，那麼產出來的 **PWM 訊號為 Low 狀態**。

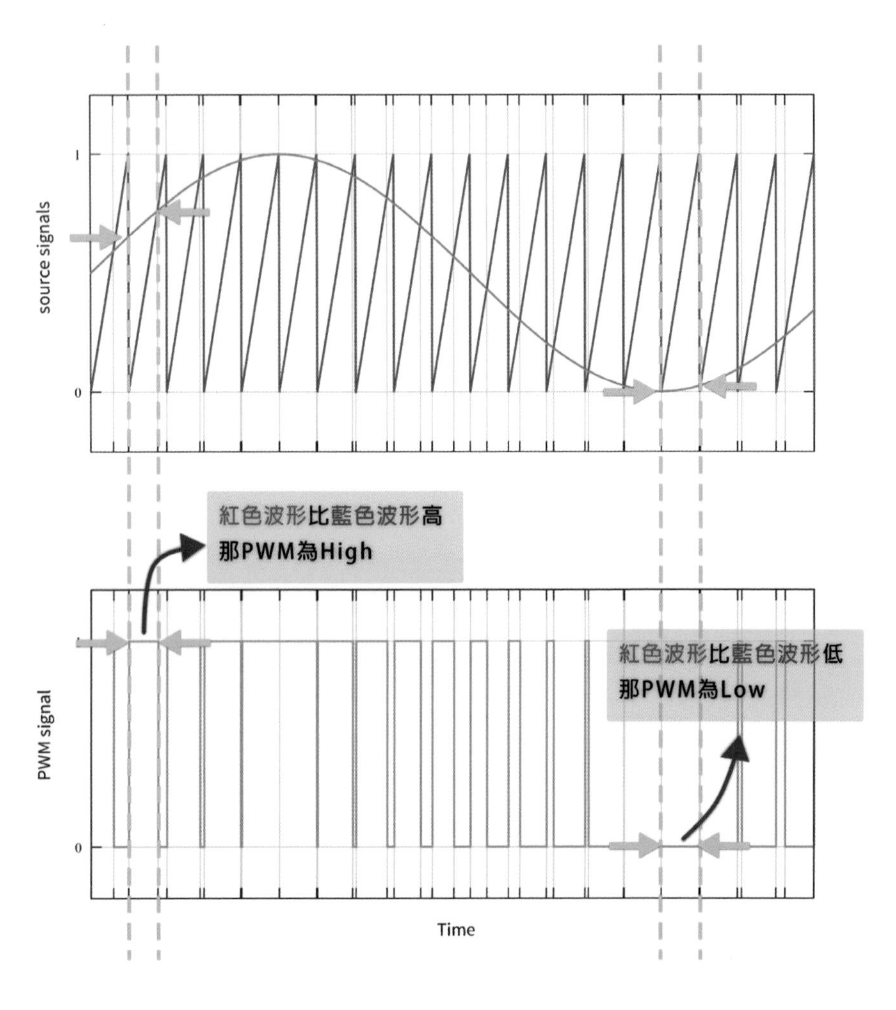


**波形圖取用於**
由 Pwm.png: CyrilBderivative work: Krishnavedala (talk) - Pwm.png, CC BY-SA 3.0, https://commons.wikimedia.org/w/index.php?curid=15335773

## 講那麼多 PWM 可以幹嘛？

PWM 通常使用在類比控制上，生活中譬如**螢幕亮度的調光**、**LED 連續亮度的調整**、**喇叭音量大小的控制**等等…

**這些都是使用到「PWM 脈寬調變」這項技術喔！**

**手機螢幕的一條一條的黑紋就是PWM調光的應用**
**黑條越寬，螢幕亮度越暗**

〈 ~~圖為潛入通訊行田野調查各家手機的螢幕~~ \(・ ×・ ´)ゞ〉

而 Arduino 的 pin 腳也有提供 PWM 輸出的功能喔！

仔細看板子上 digital pin 有一些**腳位有 ( ～ ) 的記號，就代表這個是有 PWM 的 pin 腳**可以輸出數位類比訊號。

## 那為什麼要介紹 PWM 呢？

因為接下來要介紹的 Johnny-five LED 函式，這些訊號需要經由 PWM 輸出喔！(ง •̀ω•́)ง

- brightness();
- fadeIn();
- fadeOut();
- pulse();

**那開始介紹這些功能吧！ヽ(・ ×・ ´)ゞ**

> Johnny Five API Component Classes － LED：
> http://johnny-five.io/api/led/#api

特別注意！

操作這個功能只能在 **Arduino 的 PWM Pin 腳上輸出**，所以官方文件上的範例才會宣告 **LED 腳位連接 Arduino 的第 11 隻腳輸出**。

**如果使用 PWM 方法輸出但宣告的腳位非 PWM 的話，執行 node 後會有錯誤訊息跑出來！**

# 新手村 Level 2 －進階一點的 LED 方法

## ◆ brightness(0-255)

功能：設定 LED 的亮度。

亮度有 255 階，0 是最暗，255 則是最亮。

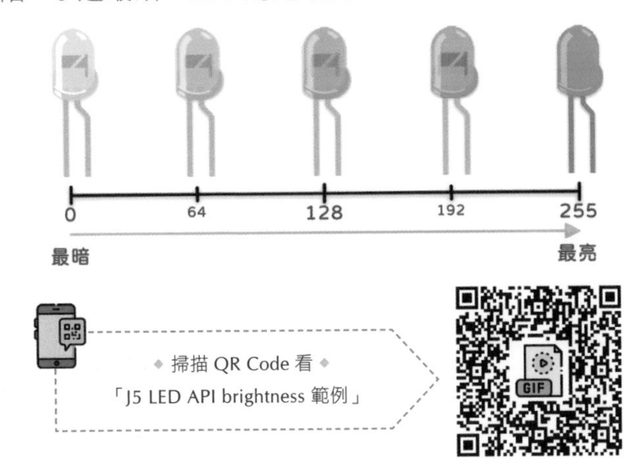


## ◆ fadeIn(ms, callback)

功能：LED 從當前亮度在設定的週期時間完成漸亮。

ms( 毫秒 ) 參數為必需，若沒有設定 ms LED 會直接亮，不會有漸亮的效果！

PS：但 ms 沒有設定，程式也不會報錯…

### ◆ fadeOut(ms, callback)

**功能：LED 從當前亮度在設定的週期時間完成漸滅。**

ms( 毫秒 ) 參數為必需，若沒有設定 ms LED 會直接滅，不會有漸滅的效果！

> PS：同 fadeIn ms 若沒有設定，程式也不會報錯。

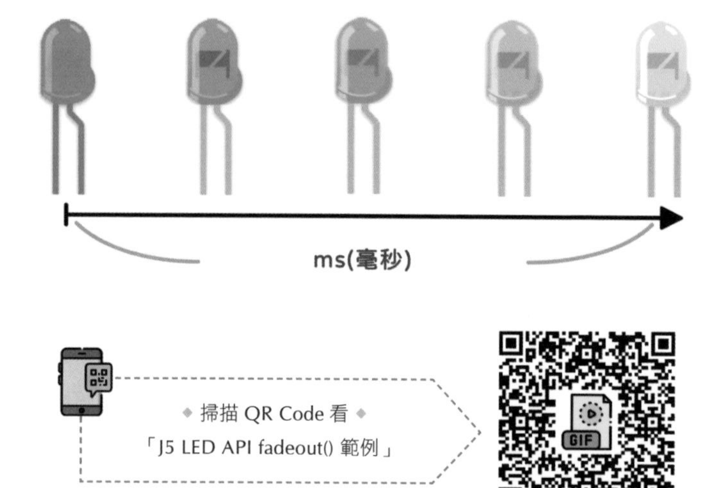


### ◆ pulse(ms, callback)

**功能：LED 在一個週期內從漸亮到漸滅**再到下一個週期繼續動作，一直持續下去。

pulse 就像是所謂的呼吸燈模式，從 fadeIn() 加上 fadeOut() 的連續動作；如 blink() 一樣，如果要停止動作需要使用 stop() 停止計數器的計時，但注意 stop() 並不會把 LED 滅掉，要完整的關閉 LED 則需要呼叫 stop() 和 off()，即 led.stop().off();

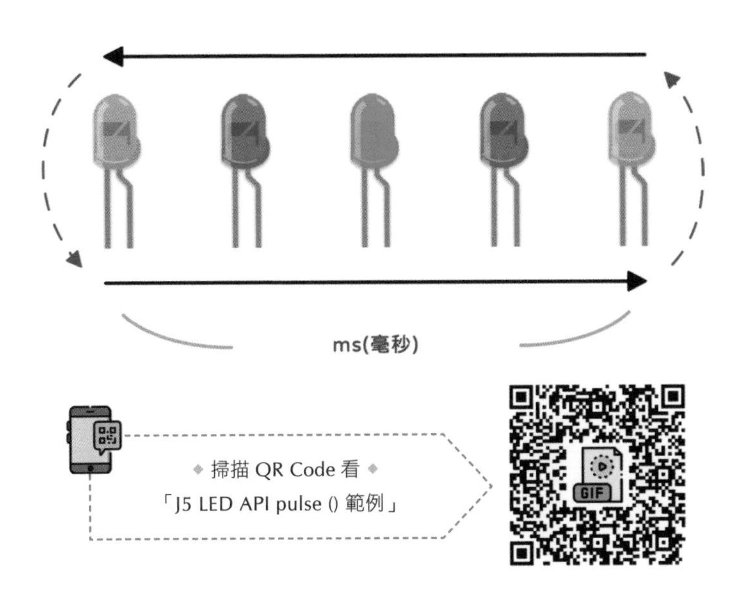

## 轉吧～轉吧～七彩霓紅燈～_三色 LED（RGB LED）

> 轉吧～轉啊～七彩霓虹燈～( ~'ω')~
> 讓我看透這一個人生～('ω'~)( ~'ω')~
> －夾子電動大樂隊「轉吧！七彩霓虹燈」

若知道這首歌的話，肯定年紀也不小了 (´ㅍ ╯ᴥ╰ ㅍ) ~~(作者被打⋯)~~

不知道也沒關係⋯但你知道七彩霓虹燈要怎麼用 Johnny-Five 和 Arduino 寫出來嗎？

本篇要介紹的是“三色 LED”！~~但我們要做的東西不會轉⋯~~（再度被打 (´ก̀ωก́ ˋ)

## RGB LED 的小介紹

三色 LED 可以分別發出不同的顏色（RGB 單色），也可以以混光的方式發出更廣的色域光；**三色 LED 分別由紅色、綠色、藍色 LED 所包裝組成一顆 LED**，在外觀上則有四隻針腳（Pin），三隻分別為 RGB 的腳位，其中一隻為共同腳。

〈 筆者的三色 LED 是已經模組化的共陽極 LED 套件 〉

## 欸！什麼是共陰極？共陽極？

剛剛說到 RGB LED 是由三顆 LED 所組成包裝而成的，有四隻 Pin 腳，三隻腳各別為 RGB，其中一隻腳位為共同接腳（簡稱共腳），而共同接腳接地（GND）才能使 LED 發亮的話則為「共陰極」，反之，如果共腳要接在供電電壓處（VCC）才能使其發光則為「共陽極」的 RGB LED。

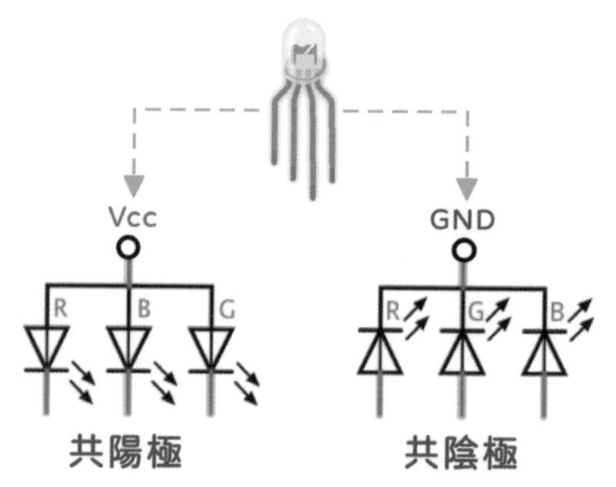


〈 左右圖為 RGB LED 的電路符號，不論共陰共陽 LED 外觀模樣則都一樣。 〉

所以，如果外面販賣三色 LED 時，老闆說需要共陰或共陽的 LED 時，就是這個意思，若自行去選購的話也是如此喔~(◍•ᴗ•◍)❯

## 來點亮 RGB LED 吧！

要做七彩霓虹燈之前，我們要先介紹 Johnny-Five 提供的 `Led.RGB` API，這次我們使用到的材料有 ~ ヽ(･ ×･ ´)ゞ

### 這邊需要準備的材料有

—硬體的部分—

- Arduino UNO ＊ 1 片
- USB Type B 線材 ＊ 1 條
- 三色 LED ＊ 1 個
- 杜邦線 ＊ N 條

### 電路接線圖

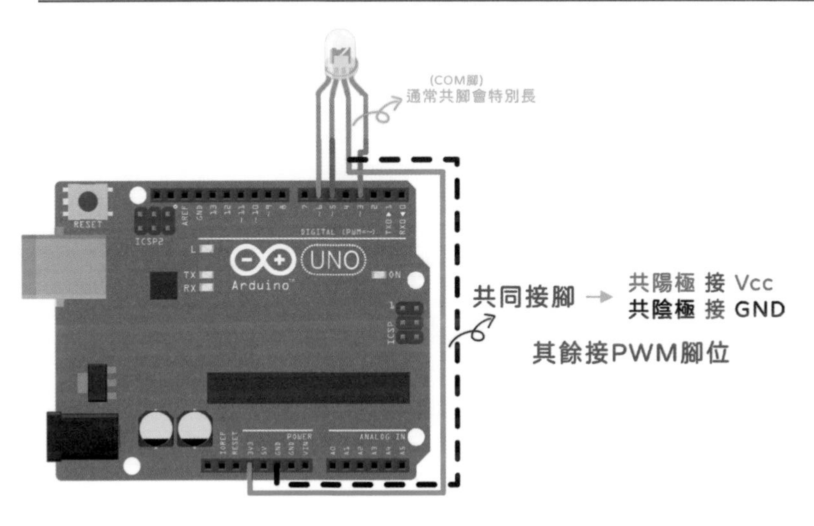

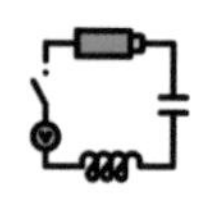

## 電子電路圖

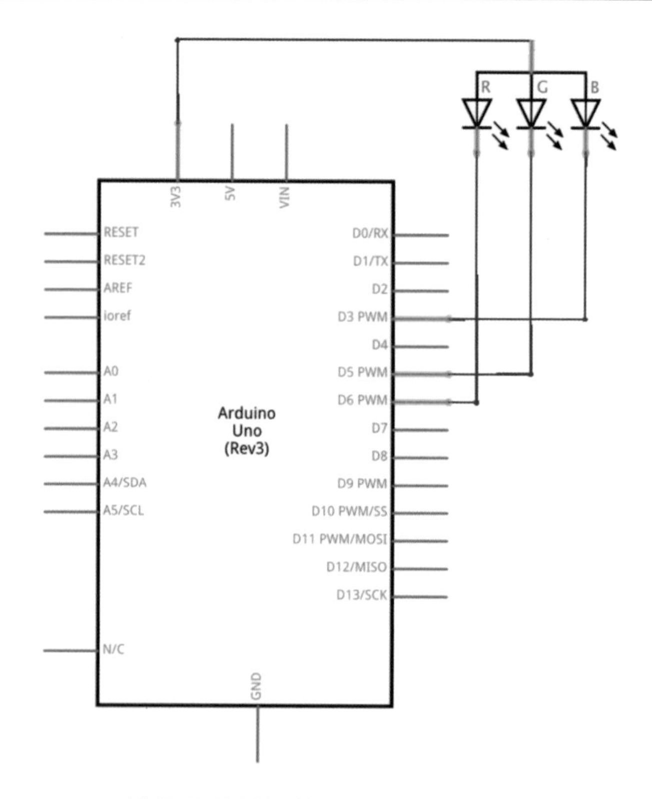


因為筆者的 RGB LED 模組是**共陽極的，所以共腳 (COM pin) 接上 Vcc 處；**

如果是**共陰極，共腳請接到 GND**，其他 RGB 腳我們挑三個 PWM 腳位接線即可。

## Johnny-Five 上的 Led.RGB

那我們先來看看 Johnny-Five 提供什麼 RGB LED API 給我們吧！(๑•̀ㅂ•́)و✧

> Johnny Five API Component Classes － Led.RGB：
> http://johnny-five.io/api/led.rgb/

要使用 Johnny-Five RGB LED，元件初始化首先要宣告一個 new five.Led.RGB 物件，並且 **pins 為必要參數，接腳則都必須使用支援 PWM 的腳位**。

```
1 new five.Led.RGB({
2   pins: {
3     red: 6,
4     green: 5,
5     blue: 3
6   }
7 });
```

也可以把 Pin 寫成 Array 簡化寫法，
**陣列索引值 [0, 1, 2]，順序分別代表**紅色、綠色、藍色 **Pin 腳腳位**，即 RGB。

```
1 new five.Led.RGB({
2   pins: [6, 5, 3]
3       //[R, G, B]
4 });
```

~~沒有最懶，只有更懶！~~
還有更簡化的寫法，可以直接省略 pins 參數！

```
1 new five.Led.RGB([6, 5, 3]);
```

**這裡陣列也一樣代表 R、G、B 三個腳位。**

## Johnny-Five 諳陰陽？ (~~欸欸欸，母湯罵髒話阿…~~)

不是啦～這邊要說的是剛剛有提到的共陰共陽極 ...（~~被主編打~~）
Johnny-Five 的 Led.RGB 物件**預設為「共陰極」的 LED**，

如果你使用的是「**共陽極**」的 LED，請在物件中加上 `isAnode` 參數並設定為 `true`。

```
1 new five.Led.RGB({
2   pins: {
3     red: 6,
4     green: 5,
5     blue: 3
6   },
7   isAnode: true
8 });
```

## Johnny-Five Led.RGB API

Johnny-Five 的 Led.RGB API 其 中 on()、off()、toggle()、strobe()、stop() 和之前介紹的 LED API 是一樣的，這邊就不在贅述了；

而在 Led.RGB 有兩個新的 API 分別是

- color(value)
- intensity(value)

### color(value)

**功能：設定 LED 的顏色。**

假設 value 沒有給值的話，那預設狀態值則返回 { red: 255, green: 255, blue: 255 }，共陰極 LED 會呈現白光，共陽極則不會亮。

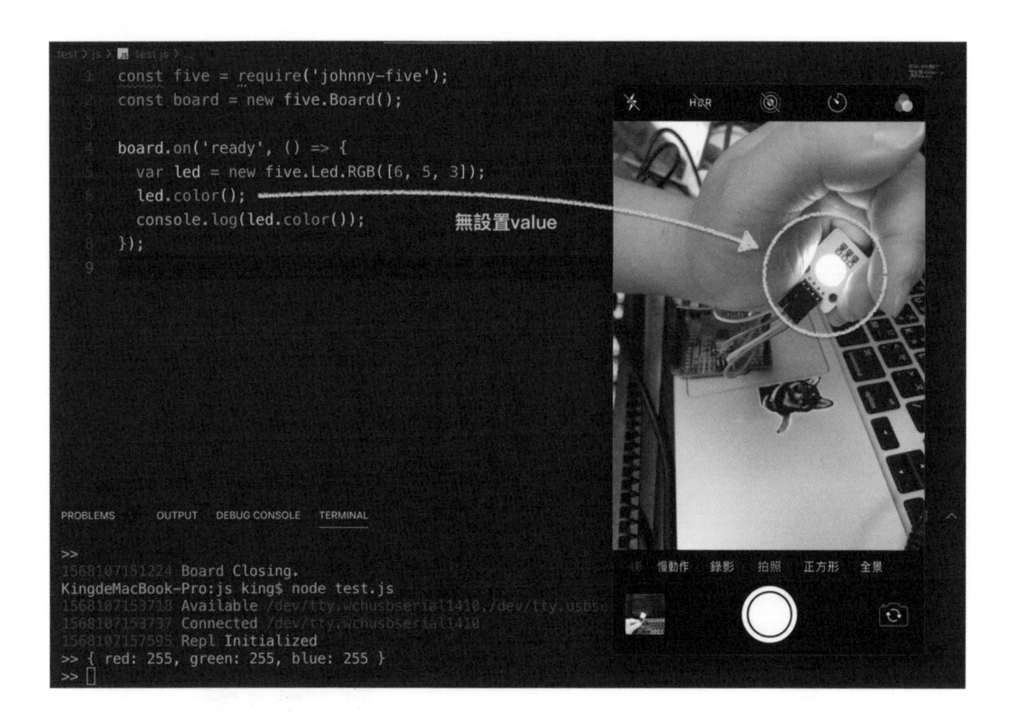


## Value 的表現方式可以有下面幾種

### HTML Color Names

可以直接用 W3C 規範的 HTML Color Names 字串帶入 Value 裡，X11 顏色集的字串也可以使用，例如："red"、"blue"、"Violet"、"SkyBlue"...etc

§ HTML Color Names 相關連結 §

- CSS Color Module Level 4 - World Wide Web Consortium
  https://www.w3.org/TR/css-color-4/#named-colors
- HTML Color Names - W3Schools
  https://www.w3schools.com/colors/colors_names.asp
- Web colors – Wikipedia
  https://en.wikipedia.org/wiki/Web_colors

## 十六進制 (HEX) 色碼字串

**我們最常使用的色碼表示方式，由一個 # 號加上六個數字所組成。**

`Johnny-Five` 無論有沒有加上 # 字號 `color(value)` 都能接受並顯示出來，例如：`"ff0000"`, `"00ff00"`, `"#00ff00"`, `"#0000ff"`...etc

§ 推薦了解色碼表示方式 §

- 由 CssCoke Amos 老師所寫 - RGB、HSL、Hex 網頁色彩碼，看完這篇全懂了
  http://csscoke.com/2015/01/01/rgb-hsl-hex/

## 用陣列 (Array) 使用 8 位元表示法

顏色的明度由淺 ( 暗 ) 到深 ( 亮 ) 來表示 `00` 為最淺 ( 暗 )、ff 為最深 ( 亮 )，寫法為 `0x00 ~ 0xff` 即取值範圍為 `0 ~ 255`，`0x` 開頭為 16 進制表示法。如果使用此寫法，`value` 為陣列索引值 [`0, 1, 2`]，順序分別代表紅色、綠色、藍色；

舉例來說：

紅色 = [0xff, 0x00, 0x00]

紫色 = [0xff, 0x00, 0xff]

白色 = [0xff, 0xff, 0xff]

PS：~~這寫法是比較麻煩啦…而且也不直觀…~~

### 用物件 (Object) 使用 8 位元表示法

顏色的操作方法和上面一樣。

如果使用此寫法，color(value) 中的 value 為物件，value 寫法為 {red:0x00, green:0xFF, blue:0x00}，物件中的 Key 值為 rgb，Key value 為 8-bit 色碼。

舉例來說：

紅色 = {red:0xff, green:0x00, blue:0x00}

紫色 = {red:0xff, green:0x00, blue:0xff}

白色 = {red:0xff, green:0xff, blue:0x00}

## intensity(value)

功能：設定 LED 整體的亮度（明度）。

在單色 LED 單元中有 brightness() 函式，這邊使用 intensity(value)，value 的數值為 0 ~ 100，用百分比來呈現，假設 value 沒有給值的話，LED 則為當前亮度。

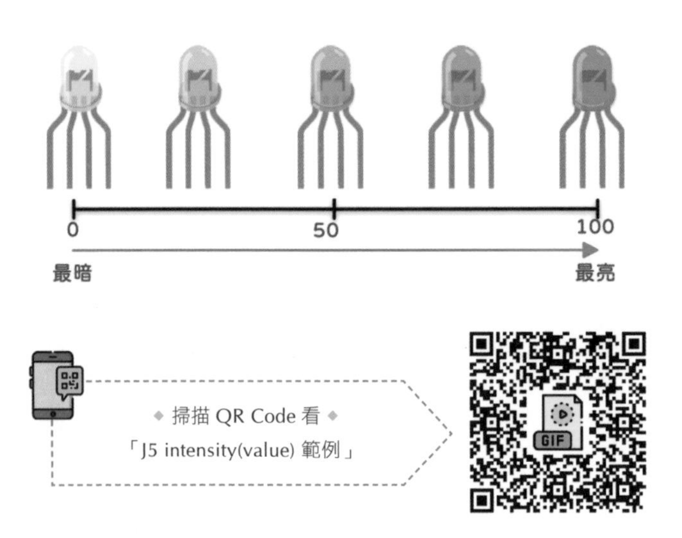


以上就是 Led.RGB 的函式，可以使用 REPL 模式來觀察 LED 的變化與練習看看！

接下來我們要來實作應用~~不會轉的~~七彩霓虹燈囉！(๑•̀ㅂ•́)و✧

## 實作應用－七彩霓虹燈

**介紹那麼久，終於要來到本書中第一個實作範例啦～~~（被打）~~**

這次要做的是 ~~Johnny-Five 官網也有的~~七彩霓虹燈範例啦！

我們要加上一點“不一樣”的效果，透過 `intensity()` 函式讓顏色變化時能夠有淡入的效果。

七彩霓虹燈的作法拆解就是七個顏色輪流變化，我們可以把紅、橙、黃、綠、藍、靛、紫，這七種顏色先取色碼後寫成陣列然後一一取出，在取出時加入我們的 `intensity()` 函式，讓 LED 有亮度的變化～

話不多說，來看看怎麼做吧！ \(ˋ・×・ˊ)ゞ

## 來 Coding 吧！程式碼如下 (ง๑ •̀_•́)ง

```
 1 let five = require('johnny-five');
 2
 3 five.Board().on('ready', function() {
 4   let led = new five.Led.RGB({
 5     pins: [6, 5, 3],
 6     isAnode: true,
 7   });
 8   let i = 0;
 9   const rainbow = [
10     '#FF0000',
11     '#FF7F00',
12     '#FFFF00',
13     '#00FF00',
14     '#0000FF',
15     '#4B0082',
16     '#8B008B',
17   ];
18
19   /*讓宣告的rainbow變數輪流跑*/
20   this.loop(1000, () => {
21     led.color(rainbow[i++]);
22     if (i === rainbow.length) {
23       i = 0;
24     }
25     /*利用JS阻塞機制讓i累加，進而產生fadeIn效果*/
26     for (let i = 0; i < 100; i++) {
27       (i => {
28         setTimeout(function() {
29           console.log(i);
30           led.intensity(i);
31         }, (i + 1) * 5);
32       })(i);
33     }
34   });
35 });
```

首先我們把程式碼分成三大區塊來解析！

```
1  let five = require('johnny-five');
2
3  five.Board().on('ready', function() {
4
5    let led = new five.Led.RGB({
6      pins: [6, 5, 3],
7      isAnode: true,
8    });
9    let i = 0;
10   const rainbow = [
11     '#FF0000',
12     '#FF7F00',
13     '#FFFF00',
14     '#00FF00',
15     '#0000FF',
16     '#4B0082',
17     '#8B008B',
18   ];
19
20   /*讓宣告的rainbow變數輪流跑*/
21   this.loop(1000, () => {
22     led.color(rainbow[i++]);
23     if (i === rainbow.length) {
24       i = 0;
25     }
26     /*利用JS阻塞機制讓i累加，進而產生fadeIn效果*/
27     for (let i = 0; i < 100; i++) {
28       (i => {
29         setTimeout(function() {
30           console.log(i);
31           led.intensity(i);
32         }, (i + 1) * 5);
33       })(i);
34     }
35
36   });
37 });
```

1

2

3

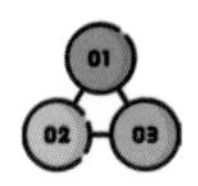

## 第一步：宣告變數與參數

第五行使用 Johnny-Five 提供給我們的方法 new five.Led.RGB，宣告 RGB LED 腳位接到 Arduino 的 PWM 腳位，如果使用的是「共陽極」的三色 LED，請設定參數 `isAnode` 為 `true`，不然顏色會與設定時相反，色碼中 16 進制 FF 則為變成為 00，舉例來說：共陰極白色的 16 進制色碼為 #ffffff，共陽極則是 #000000，若是使用共陽極的 LED 在 #ffffff 顏色下則不發光。

再來最關鍵的，七彩的顏色就用最簡單的方式，我們把七個顏色的色碼寫成陣列來取用。

```
 1 five.Board().on('ready', function () {
 2   let led = new five.Led.RGB({
 3     pins: [6, 5, 3],
 4     isAnode: true,
 5   });
 6   let i = 0
 7   const rainbow = [
 8     '#FF0000',
 9     '#FF7F00',
10     '#FFFF00',
11     '#00FF00',
12     '#0000FF',
13     '#4B0082',
14     '#8B008B',
15   ]
16 });
```

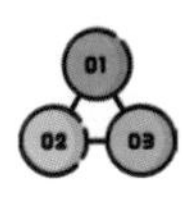

## 第二步：LED 的顏色部分

使用在 Johnny-Five 的 board API 中的 `loop(milliseconds, handler())` 方法可以使 `loop` 裡面的 `handler()` 依照設定的毫秒週期重複的執行，再利用 for 迴圈 讓有七色色碼的陣列 `rainbow` 變數輪流循環 紅→橙→黃→綠→藍→靛→紫，在此範例中設定一秒後為下一個顏色。

> • **loop(milliseconds, handler())** Register a handler to be called repeatedly, in another execution turn, every `milliseconds` period. `handler` recieves one argument which is a function that will cancel the loop if called.

〈 Johnny-Five Board API：**loop** 〉

```
1 this.loop(1000, () => {
2   led.color(rainbow[i++])
3   if (i === rainbow.length) {
4     i = 0
5   }
6 });
```

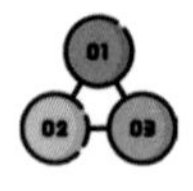


## 第三步：淡入的效果部分

在進入下一個顏色前，呼叫 intensity() 以及利用 for 迴圈，讓變數 i 從 0 累加到 99，使 LED 亮度從暗到亮 (0 → 99)，藉此來呈現淡入的效果。

**但這邊會有個問題！**

intensity() 的 value 值，用 for 迴圈累加 i 值，**因為 JavaScript 的 for 迴圈執行速度太快了，又沒有像 C/C++ 有類似 sleep 延遲執行的指令，value 瞬間就會從 0 加到 99 了…**

這樣以肉眼來看，根本看不出有 LED 有漸亮的效果 .... 於是~~筆者在參拜谷哥大神後，找到解決的方法了！~~ (๑•̀ㅂ•́)و✧

我們可以使用 JavaScript 的 for 迴圈的阻塞機制*註，讓迴圈延遲幾毫秒後在繼續動作，這樣就可以讓 LED 的亮度慢慢亮起來，產生淡入的效果了～

```
 1 /*利用JS阻塞機制讓i累加，進而產生fadeIn效果*/
 2
 3 for (let i = 0; i < 100; i++) {
 4   (i => {
 5     setTimeout(function() {
 6       console.log(i);
 7       led.intensity(i);
 8     }, (i + 1) * 5);
 9   })(i);
10 }
```

登楞～ヽ(・×・´)ゞ

我們的七彩霓虹燈這樣子就做好了，掃描 QRCode 看看結果吧！

◆ 掃描 QR Code 看 ◆
「七彩霓虹燈的範例結果」

註：參考資料－ JS 實現停留幾秒 sleep，Js 中 for 迴圈的阻塞機制，setTimeout 延遲執行。
連結網址：https://www.itread01.com/content/1546755072.html

# 炫炮廣告跑馬燈？ _LED 矩陣（LED Matrix）

LED 系列實在有夠多…_(:3」∠)_

但也因為市面上的需求量大、應用方面也廣，處處都可以看到 LED 的應用！

## LED Matrix 介紹

這次要介紹的是 8 ＊ 8 的 LED 矩陣－ LED Matrix；

~~乍看之下好像很難~~，其實就是**非常多顆 LED 包裝在一塊而已**，8 ＊ 8 代表有八行八列 LED 總共有 64 顆 LED，以此類推 n ＊ n ＝ LED 的數量。

市面上的 LED Matrix 非常多種，不只 8 ＊ 8 的規格，還有 4 ＊ 4、10 ＊ 10、n ＊ n 等…

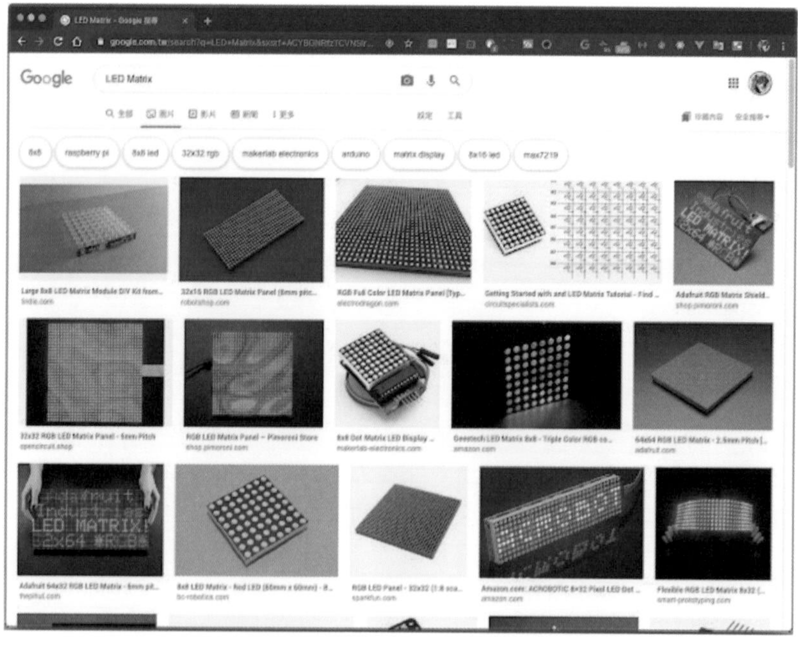


〈圖為 Google 搜尋，有單色和 RGB 的 LED Matrix〉

## LED 矩陣的應用面

LED Matrix 的應用非常廣，舉凡區公所、學校都可以看到的跑馬燈廣告招牌，到有 Maker 做出超炫炮的 LED Cube，或者是演唱會有人會拿的應援加油牌，這些都是 LED Matrix 的應用。

〈 圖為 Google 搜尋，某學校的 LED Matrix 跑馬燈 〉

## LED 矩陣與模組

普通的 LED 矩陣指的是像這樣的電子零件，那些洞洞都是由 LED 組成的，而 LED 矩陣零件也一樣有**共陰和共陽極之分**，如果要拿 LED 矩陣開發的朋友請稍微注意一下。

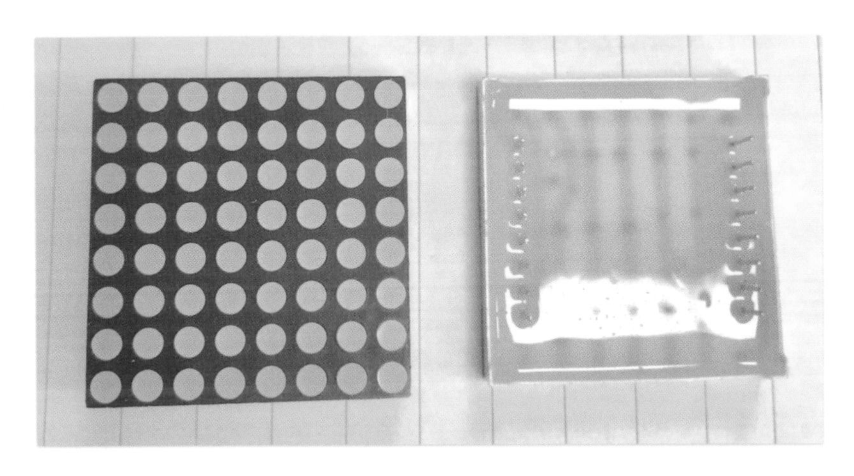

現在已經是模組化的時代了…
想當初筆者還在讀高職時，在做實習的時候還是一根一根線拉出來焊接到電路板上，電路板上密密麻麻都是單芯線…

但現在已經不用那麼麻煩了！如今在開發上，網路或實體店家在販賣的 LED 矩陣電子零件，都已經是模組化後的開發模組了，只要了解模組拉出來的接腳作用，即可快速的開發，非常的方便！

〈模組化的 LED Matrix 矩陣，省略必須了解電路的步驟〉

## LED Matrix 模組差在哪裡呢？（以 MAX7219 模組為例）

LED Matrix 模組化主要多了下面那顆 IC -「MAX7219」

以往接一顆 LED 就要接一個分壓電阻加上 Vcc、GND，64 顆 LED 至少就要 64 個電阻 +N 個接點，這樣電路佈線豈不亂死？

而 MAX7219 為 LED 驅動 IC，解決了多個 LED 使用上的問題，最多能驅動 8 個七段顯示器 ( 七段顯示器是由 8 顆 LED 所組成 )；

因為一顆 MAX7219 能驅動 8 組七段顯示器 8 ＊ 8 ＝ 64 顆 LED，故此特性也能驅動一顆 8 ＊ 8 的 LED Matrix；只要在 IC 外部上接一顆電阻，即可驅動 LED 矩陣並編碼顯示。

## MAX7219 的顯示模式

MAX7219 還提供了兩種顯示模式

### 原始資料模式

在原始資料模式中，開發者需自行指定七段顯示器中每個筆畫的明滅資訊。

### BCD 碼模式

BCD 碼 decode 模式下，每個字的筆畫構成已被事先定義，並依照 BCD 碼 B 區的規範儲存在 MAX7219 當中。因此要顯示這些字時，僅需提供每個字所對應的索引編號即可。

§ MAX7219 相關連結 §

- Maxim – Serially Interfaced, 8-Digit LED Display Drivers MAX7219 Data Sheet https://www.sparkfun.com/datasheets/Components/General/COM-09622-MAX7219-MAX7221.pdf
- 聯發科 – 使用 MAX7219 驅動七段顯示器 https://docs.labs.mediatek.com/resource/linkit7697-arduino/zh_tw/tutorial/driving-7-segment-displays-with-max7219

## Johnny-Five 的 LED Matrix 電路介紹

在 Johnny-Five 敘述 LED Matrix 是這樣說的…

**“ 提供 8 ＊ 8 或是 8 ＊ 16 的矩陣的鏈接，最多可以提供 8 組輸出，即控制 512 顆 LED。 ”**

（想想如果這都要自己接線有多麼可怕…Σ(ﾟДﾟ )ﾉ）

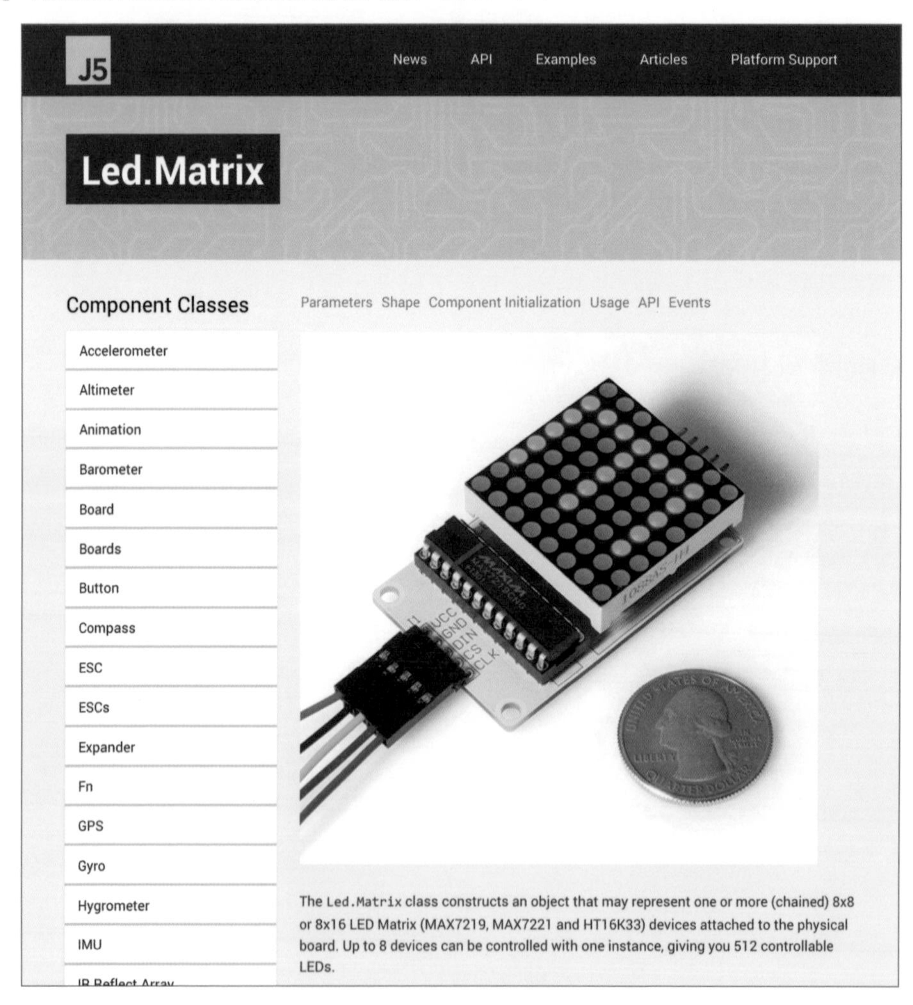

使用 Johnny Five **Led.Matrix**，元件初始化首先要 **new** five.Led.**Matrix** 物件，並且 **pins 為必要參數**，可以使用物件或陣列表示。

pins 物件有三個鍵值 (key) 分別為

- data - 資料
- clock - 時脈
- cs - LOAD 訊號

Johnny-Five 的 Led.Matrix 物件寫法為

```
1 //宣告使用 Led.Matrix
2 new five.Led.Matrix({
3     pins: {
4         data: 2,
5         clock: 3,
6         cs: 4
7     }
8 });
```

模組化的矩陣 LED 硬體接腳為：

- data：為 "DataIN"，對照於 DIN，用來輸入資料。
- clock：為 "CLocK"，對照於 CLK。
- cs：為 "ChipSelect"，對照於 CS。

CLK 與 CS，兩者是用來控制訊號，將資料寫入 MAX7219 內部的暫存器。

**§ 相關連結 §**

- LED MATRIX DISPLAY WITH JOHNNY-FIVE ON NODE.JS：
  https://bocoup.com/blog/javascript-led-matrix-display-with-johnny-five

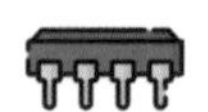

## 電路接線圖

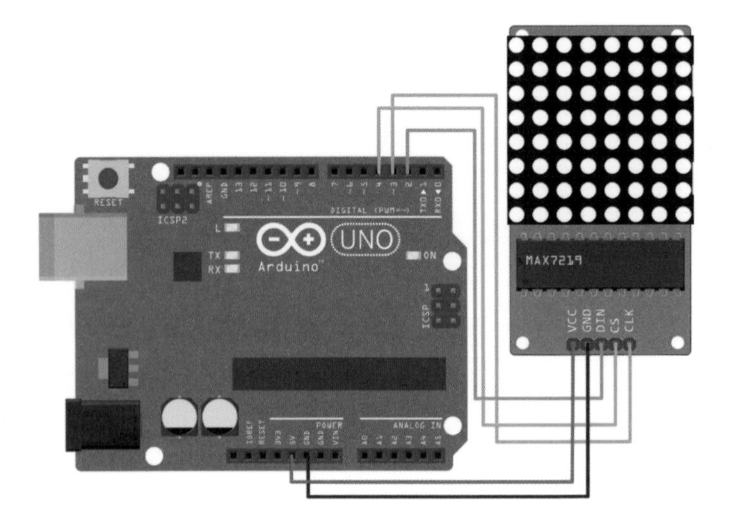
RESET
ICSP2
DIGITAL (PWM~)
UNO
Arduino
TX
RX
ON
ICSP
POWER
ANALOG IN
MAX7219
VCC
GND
DIN
CS
CLK

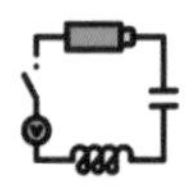

## 電子電路圖

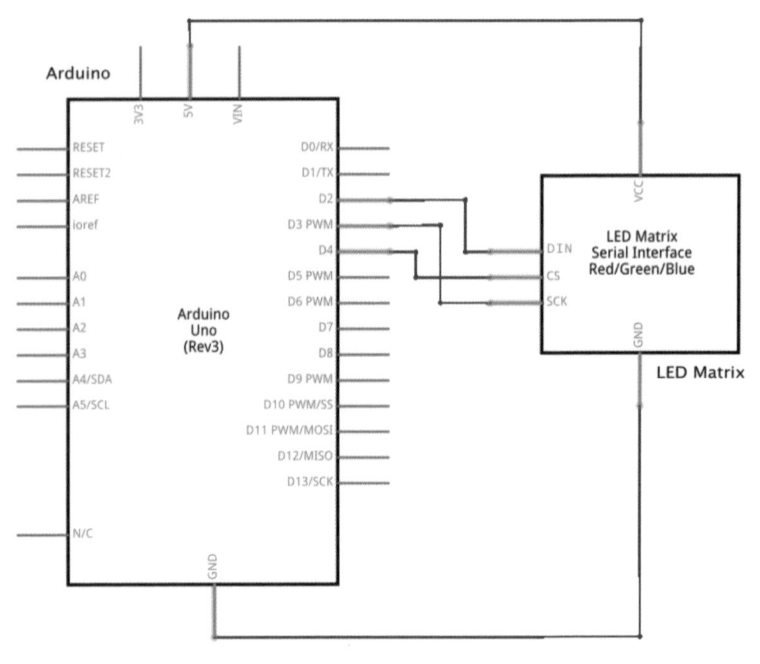
Arduino
3V3
5V
VIN
RESET
RESET2
AREF
ioref
A0
A1
A2
A3
A4/SDA
A5/SCL
N/C
GND
D0/RX
D1/TX
D2
D3 PWM
D4
D5 PWM
D6 PWM
D7
D8
D9 PWM
D10 PWM/SS
D11 PWM/MOSI
D12/MISO
D13/SCK
Arduino
Uno
(Rev3)
VCC
DIN
CS
SCK
GND
LED Matrix
Serial Interface
Red/Green/Blue
LED Matrix

## Johnny-Five LED Matrix API

Johnny-Five 在 LED Matrix 的 API 提供八大類方法讓我們使用，分別有

- on：點亮矩陣。
- off：關閉矩陣。
- clear：清除矩陣狀態
- brightness：設定矩陣亮度 led- 設定每個行列的亮滅；state 參數數字「0」為滅（off），「1」則代表亮（on），其餘數字不會有動作。若矩陣為 RGBstate 則可以設定顏色。
- row：設定第 i 排的 row 的 n 顆 led 亮 / 滅；n 採用的是 BCD 加法器，數值範圍（0 ～ 255）。
- column：設定第 i 排的 column 的 n 顆 led 亮 / 滅；n 採用的是 BCD 加法器，數值範圍（0 ～ 255）。
- draw：顯示已定義的字元表字元。

Johnny-Five LED Matrix 最多可以鏈結 8 個矩陣 LED，LED Matrix API 每種方法皆可以指定要哪一顆矩陣動作，但這時候又有一個問題出來了…

**我怎麼知道選到哪一顆 LED 矩陣呢？**

鏈接 Arduino 的第一顆矩陣 LED 即 index 為 "0"，鏈接下去第二顆的矩陣 LED index 為 "1"，以此類推…

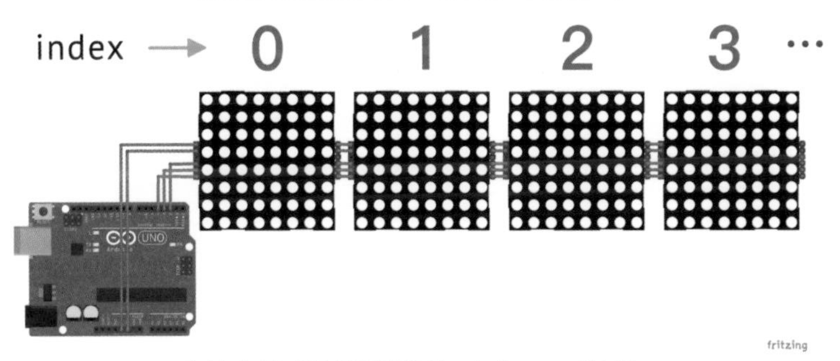


〈魯宅筆者的圖解說明～ヽ(･ ×･ ´)ゞ〉

而我們要介紹的 LED Matrix API 的 on()、off()、clear() 參數都只有一個，就是指定**矩陣 LED 索引值 (device index)** 然後動作。

### ◆ on(device index)

**功能：點亮 LED 矩陣。**

若要特定的 device 動作，括弧內則要寫參數。

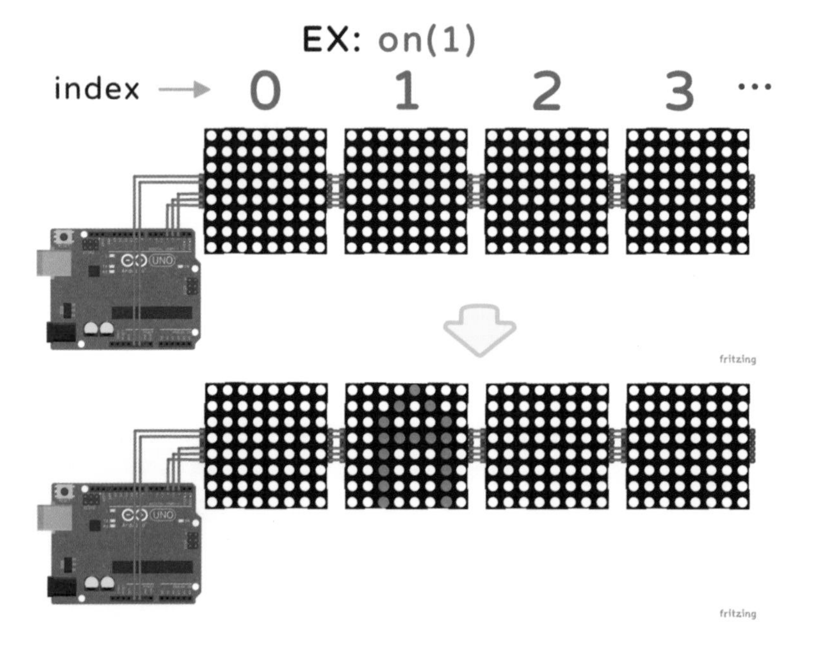


### ◆ off(device index)

**功能：關閉 LED 矩陣。**

若要特定的 device 動作，括弧內則要寫參數。

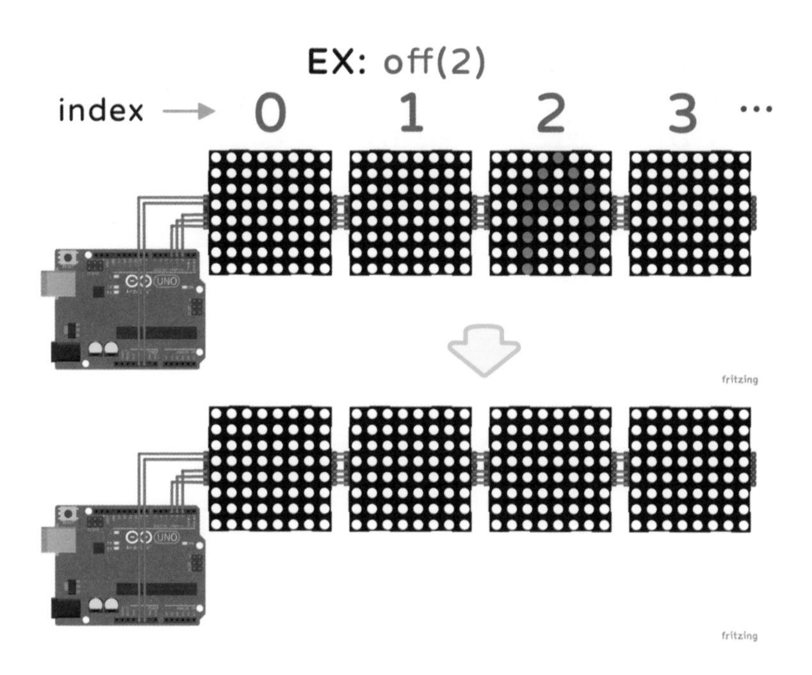


## ◆ clear(device index)

**功能：清除矩陣的狀態。**

若要特定的 device 動作，括弧內則要寫參數。

特別注意！

這邊的 on()、off() LED 指的是點亮 / 關閉 Matrix 內的 LED，**純粹是對 LED 的亮滅狀態做動作，並不會改變矩陣的顯示狀態**（例如清空矩陣的上一個狀態、文字等），**真正要完全清除顯示狀態並關閉矩陣的話需要使用** clear() 方法。

## ◆ brightness(device index,1-100)

**功能：設定矩陣 LED 的亮度。**

第一個參數為指定 device，第二個參數為亮度數值 1-100 的百分比數字。

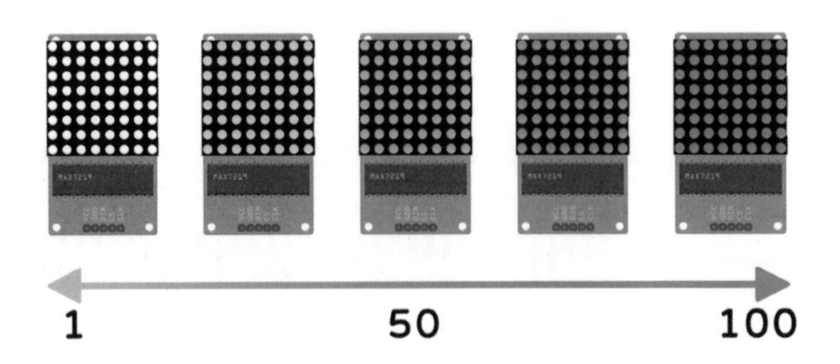


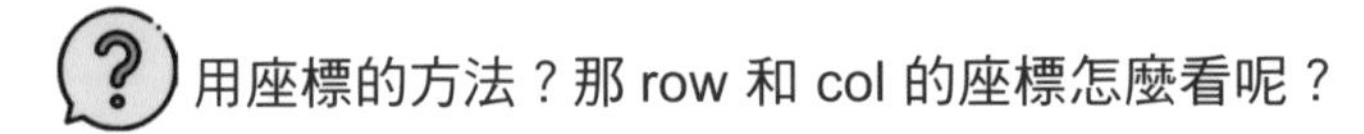

### led(device index, row, col, state)

功能：用座標的方法，設定矩陣的 LED 亮 / 滅狀態。

state 參數 0 為滅、1 為亮，其餘數字不會有動作，但若為 RGB 的矩陣 LED 則可以設定顏色。

用座標的方法？那 row 和 col 的座標怎麼看呢？

**畫圖舉例來說：**

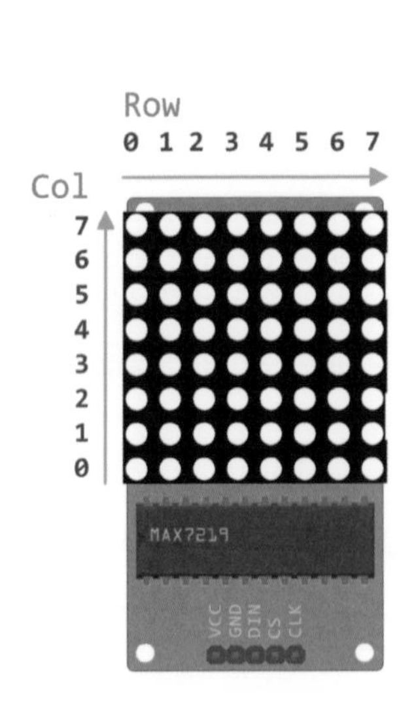


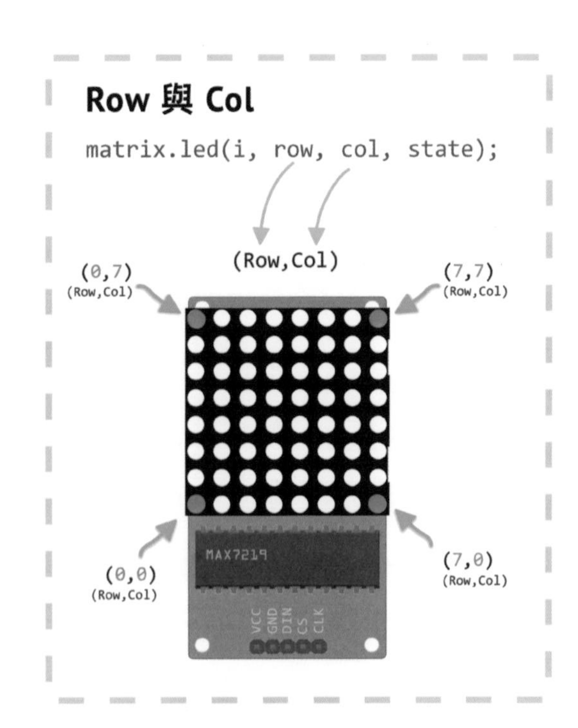

可以把 `led(device index, row, col, state)` 裡面的 row、col 當成座標 `(row, col)` 來看；譬如來說，最左下角為起點 (0,0)，最右上角為 (7,7)，這樣要操作任意一點 LED 就能簡單的操作了。

**接下來這兩個 API 可以放在一起看，因為他們有共同需要講解的地方**

## ◆ row(device index, row, 0-255)

**功能：設定 row 第 i 排的 n 顆 led 亮 / 滅。**

## ◆ column(device index, col, 0-255)

**功能：設定 column 第 i 排的 n 顆 led 亮 / 滅。**

為什麼要一起看呢？
因為 n 採用的是十進制轉二進位的表示法，數值範圍（0 ～ 255）。

「十進制轉二進位的表示法」... **這 ... 這蝦咪碗糕？ ಠ_ಠ**
這是數位邏輯運算的一種方法，以 2 為基數，由 2 的次方升冪組成。

由圖來解釋，十進位若轉為二進制來表示的話，會像圖中 0000、0001 這樣表示，每個數值代表 2 的 n 次方；

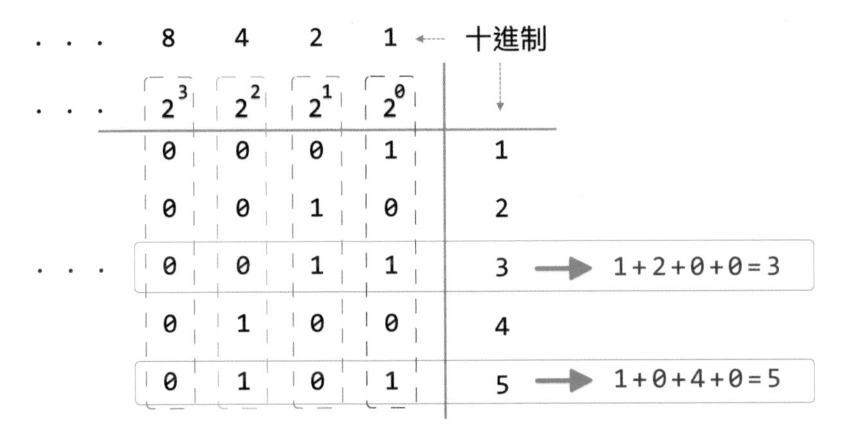

### 舉例來說：

數字 5 在二進制表示法的話會變成「0101」，只要在二進制為 1 所代表的實際數字所相加起來，即可得到十進位的數字。

$$
5 = \begin{array}{cccc} 2^3 & 2^2 & 2^1 & 2^0 \\ \times\ 0 & 1 & 0 & 1 \\ \hline 0 & 4 & 0 & 1 \end{array}
$$

$$1 + 4 = 5$$

計算方法：〔$(2^3\times0)+(2^2\times1)+(2^1\times0)+(2^1\times1)$〕$= 4 + 1 =$ "5"

故在看 LED Matrix API 的 `row()` 和 `col()` 的第三個參數「0-255」就代表以二進位為 1 的 LED 燈亮。

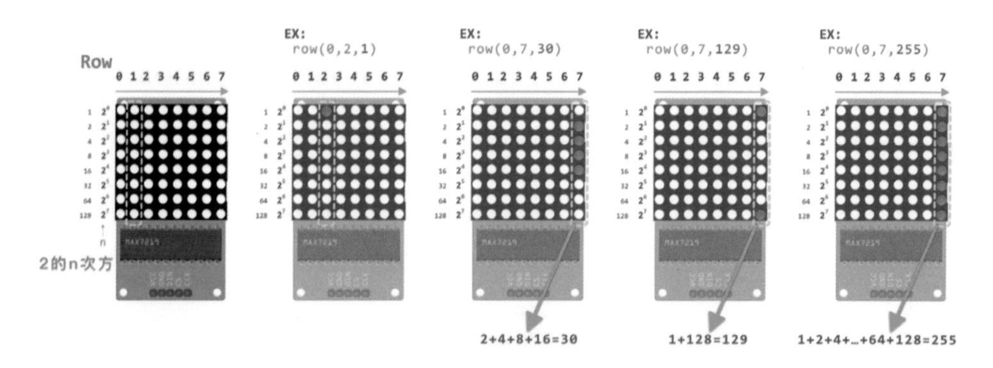


## ◆ draw(device index, char)

**功能：顯示已定義的字元表字元。**

已經預定義的字元表在 Johnny-Five 裡有寫到，總共 185 個字，包含英文字母大小寫、特殊符號等...

Predefined Characters - Led.Matrix.CHARS：
http://johnny-five.io/api/led.matrix/#predefined-characters

※ 中文字型目前筆者嘗試過是不行使用的。

## Matrix 章節小結

把矩陣透過 soket.io 來控制的話，可以玩出很多樣貌的喔！像是可以做線上廣告跑馬燈、告白跑馬燈等等⋯

筆者在 2019 年的教師節，當時就曾寫過 LED 矩陣跑馬燈祝 Amos 老師 ( 我師傅 ) 教師節快樂，做出來有滿滿的成就感呢～

**想看的話可以看這邊↓ ＼(･ ×･ ´)ゞ**

[928 教師節特輯 ] 我生命中最敬重的老師 - Amos 老師謝謝你，教師節快樂～
https://ithelp.ithome.com.tw/articles/10221470

### ✡ 附上教師節的小作品程式碼：

§ Github － example/matrix/matrix-muit-device.js §

https://github.com/tinatyc/2019ironman-JS-IoT/blob/master/example/matrix/matrix-muit-device.js

## 章節結語

那麼 LED 的介紹也到此結束了 ... (๑•̀ㅂ•́)و✧
在本章節中練習到很多 Johnny-Five LED 等 API，這些都是 Johnny-Five 的 LED 用法，大家也可以利用 Arduino 內建的 LED 實驗與實際操作看看，動手做做看。

説到 LED 的使用可説是生活中不可或缺的一部份，也是生活中很常見的電子零件，不妨可以加入一些變化的元素來練習實作，LED 的電子零件也很容易取得，非常方便拿來做基本練習，或是加在作品中都是一個不錯的選擇！ヽ(・×・´)ゞ

以上是示範 Johnny-Five 的 LED 一些小範例，我們即將進入物聯網的世界了！練習完後跟上腳步一起前進吧！(ง๑ •̀_•́)ง

CHAPTER

# 03

# 進入物聯網的世界之初

# 說好的物聯網呢？用 Socket.io 建立即時連線！

## 說好的物聯網呢？

相信很多讀者心中一定充滿問號，不是說要做物聯網嗎？
怎麼都還沒看到呢…~~（翻桌）~~

~~因為魯宅筆者本來想使用 ESP8266 實現無線通訊，但無奈怎樣都弄不好…~~

沒有 ESP8266 怎麼辦？沒有關係！我們改用另外一種方法來實現：「Socket.io」

## First, What is IoT ？

物聯網－ Internet of Things 簡稱 IoT，但物聯網是什麼概念呢？試想你的生活中已經存在著多少物聯網的意象？

**來點小故事舉例來說：**~~（絕對不是本魯的生活…如有雷同，那就雷同）~~

> 今天寫程式寫到很累時，你去附近的便利商店買零食吃，結帳時店員站在櫃臺拿條碼機刷餅乾袋裝上的條碼，“嗶”了一聲，收銀機顯示這包零食 30 元，請付款…
>
> 此時你早就想到自己是~~魯宅月光族~~沒有新台幣可以付錢，只好拿著行動支付來付款，回家後吃著餅乾邊寫著程式…
>
> 總算寫好了，git 上去後又過一天了，工程師的生活就是那麼樸實無華且枯燥～

**在這個小故事之中，包含著許多物聯網的概念！**

**像是：**

- 店員拿條碼機刷餅乾袋裝的條碼來結帳
- 付款拿行動支付來付款

> **– 例子說明一：**
> 店員刷餅乾包裝的條碼來結帳

- **物** → 餅乾。
- **聯** → 餅乾上的**唯一商品條碼，藉由刷條碼機讀取條碼資訊，並傳到主機上來辨別是什麼物品**。
- **網** → 主機找尋這是什麼物品，處理完回傳資訊，顯示該餅乾的資訊。

> **– 例子說明二：**
> 付款拿行動支付來付款

- **物** → 行動載具、RFID 卡片等。
- **聯** → 行動載具、RFID 卡片上的唯一識別碼（unique identifiers, 簡寫 UID），感應之後上傳 UID 到主機上找尋相關資料。
- **網** → 主機利用 UID 找相關資訊，並且處理 扣款、存紅利點數等動作。

**它們都有相同的特徵，彼此透過約定好的協定來做之間的連結、溝通；**

**物聯網不僅只是兩種裝置之間的連結，通常也連結到負責收集資料的伺服器 (Server) 和負責偵測的傳感器 (Sensor)，還有輸出介面讓使用者監控及操作。**

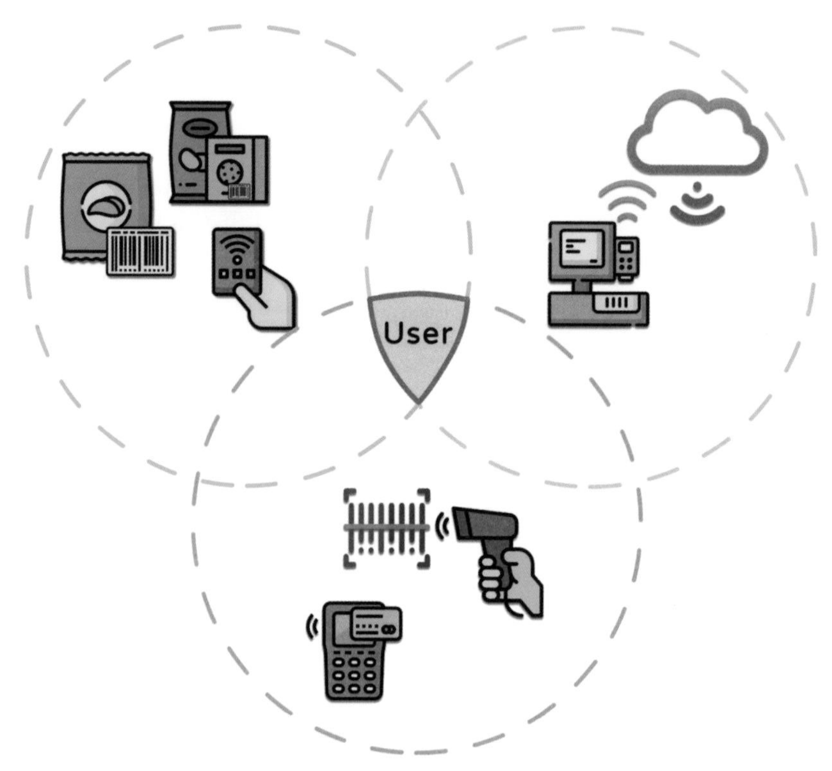


〈 經由不同的裝置以人為中心提供服務，實現物聯網的精神所在 〉

## Socket.io 和 Express 在物聯網之中的扮演角色！

### WebSocket 通訊協定

傳統網頁使用 HTTP 通訊協定，當開啟網頁時用戶端（Client）會向伺服端（Server）請求資源，這種行為稱為“請求”（request），接著 Server 端回應 Client 端所需要的要求稱為“回應”（response）。

**這種有「要求才有回應」的通訊模式模式屬於單向的，**一定要由用戶端請求才有動作，伺服端是不會主動傳資料給用戶的。

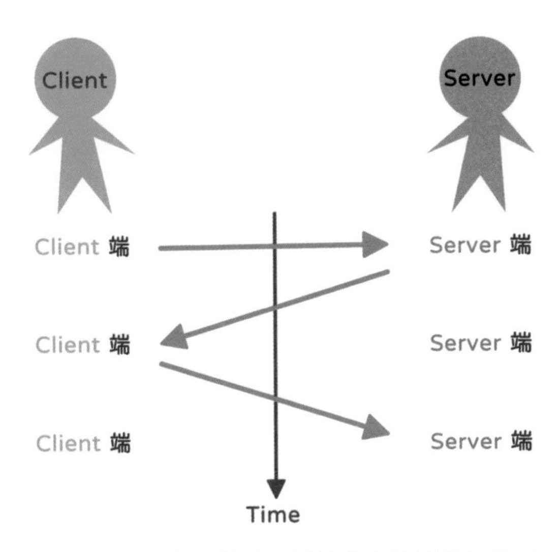


〈傳統的 HTTP 通訊協定，通訊模式屬於單向式的〉

但 WebSocket 通訊協定能夠在 Client 端和 Server 端建立起連線後，保持著**雙向的通訊**，直到其中一方中斷為止；且 **WebSocket 通訊協定允許伺服端主動推播資料給客戶端**，實現更加簡單且擁有即時性的資料通訊模式。

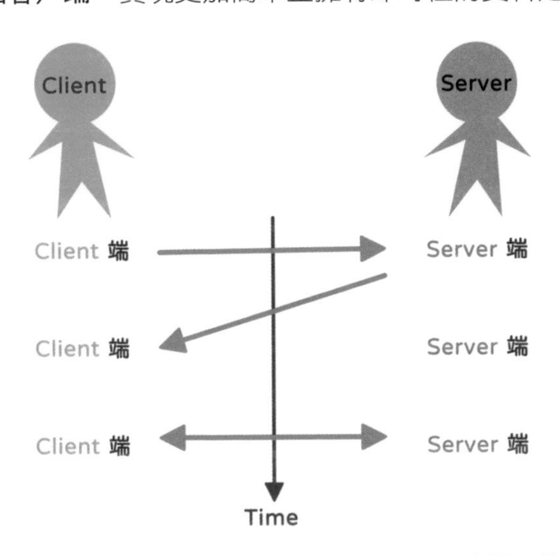


〈 WebSocket 通訊協定，只要完成一次交握 (Handshaking) 即可保持雙向通訊，直到一方斷線為止。 〉

## WebSocket &瀏覽器支援

由於 WebSocket 通訊協定需要伺服端和用戶端都要支援才能穩定使用，截至 2020 年七月，WebSocket 通訊協定在主流的瀏覽器支援度都已經可以說是普及化的程度了 *註一 。

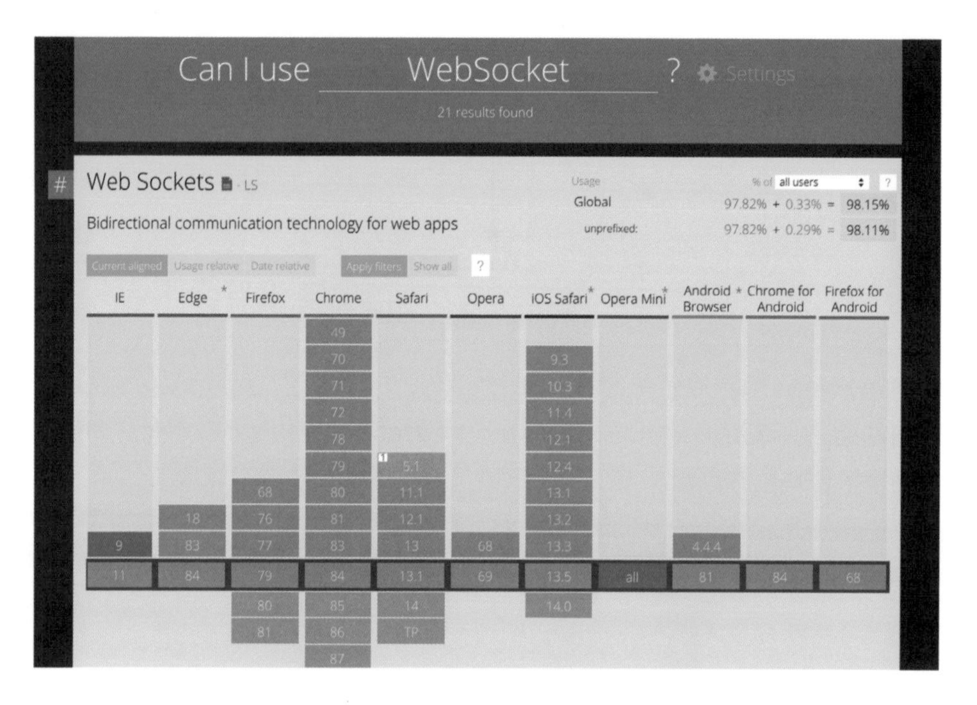


在伺服端，**每個伺服器都對 WebSocket 有不同的支援度**，在挑選要使用的 Sever 前可以先查詢清楚支援度再行安裝使用 ~~(投資前請詳閱公開說明書)~~；本書使用 Node.js 的 Express 框架做為伺服器，而 Socket.io 為 Node.js 主要處理 WebSocket 協定的工具，達成解決 Server 端相容性的問題，搭建起 Client 端與 Server 端之間溝通的橋樑。

**Socket.io：https://socket.io/**

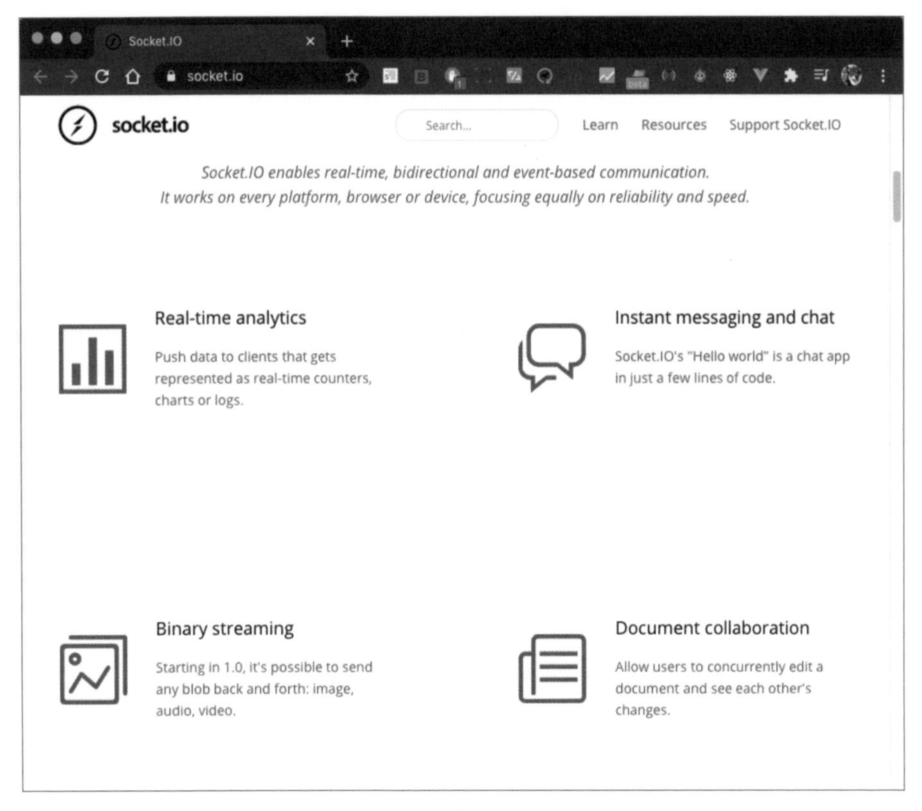


〈 Socket.io 擔任雙向溝通的橋樑 〉

註一：參考【技術支援度查詢網】
Can I use - WebSocket：https://caniuse.com/#search=WebSocket

## Express 一極簡且靈活的 Node.js Web 應用框架

Express 是最受歡迎的 Node.js Web 應用框架，可以在 Node.js 上使用 Express 快速建立一個完整功能的網站，且 Express 提供一系列豐富的 HTTP 工具強大而靈活！

因此我們使用 Express 來啟動服務程序，進而實現使用單一程式語言「JavaScript」來撰寫前、後端、Arduino 開發的一條龍作業，~~免去學習其他程式語言之苦~~。

> Express.js：
> https://expressjs.com/

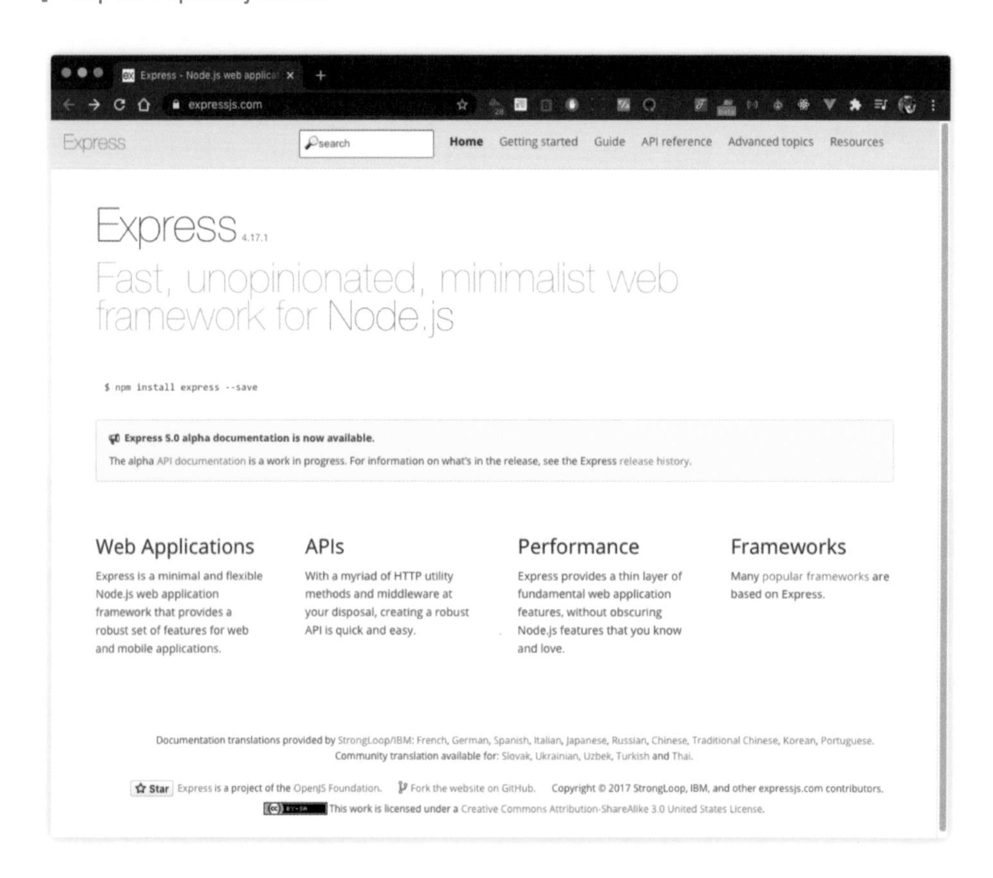

# Express 與 Socket.io 環境安裝

要使用 express 與 socket.io 建立即時通訊，首先我們必須用 Node 來安裝環境，那麼接下來就開始實做吧！(ง๑ •̀_•́)ง

## 這邊需要準備的有

－軟體 & 環境的部分－

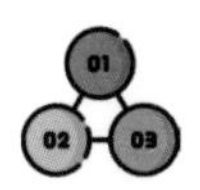

## 使用 Node.js 安裝 express 和 socket.io

依照先前教的手把手安裝 Node 章節〈1-28 頁〉創立新專案，開啟 package.json 並新增相依套件清單 dependencies 物件，**在 dependencies 物件裡填寫我們所需的 express 和 socket.io 套件名稱和版本號，使用 npm 指令來進行安裝。**

筆者所使用的套件版本號為：

```
1 "express": "^4.12.0",
2 "socket.io": "^1.3.4"
```

在 package.json 並新增 dependencies → 在 dependencies 物件中填寫套件名稱和版本號（本書的環境配置如下圖）→ 開啟終端機到該專案目錄下，輸入 npm 指令 `npm install` 進行安裝即可。

完成安裝後可以在“node_modules”資料夾內找到 express 和 socket.io 相關資料夾，即安裝成功。

環境準備好，接下來要實做小小的即時通訊頁面來驗證 Socket.io 與 Express 是否達到前端與後端的雙向通訊正常 (๑•̀ㅂ•́)و✧

## 實作應用－簡易即時通訊頁面

**先說實驗目標成果！**

前端頁面可以發送訊息給 Server，Server 在接收到訊息後會把接收到 Client 端的次數傳送給前端頁面，驗證啟動的環境確實有啟用 WebSocket，達到雙向通訊的動作！

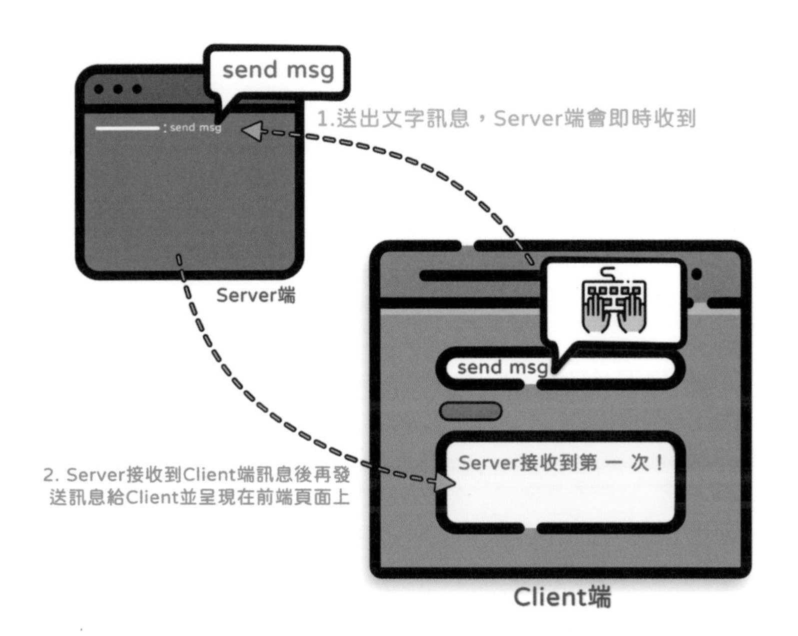


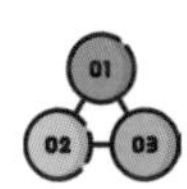

### 第一步：建立 Server 與撰寫後端程式－ Server 部分

在此範例中，我們會先使用 Express 來啟動應用服務，在 Client 端與 Server 端連接成功後，即保持雙向通訊，當每次 Client 端發送資料過來，Server 也會同步發送「接收到訊息的次數」給 Client 端，並且即時顯示在前端頁面上。

##  來 Coding 吧！程式碼如下 (ง๑ •̀_•́)ง

### 後端部分－ JavaScript（Server 端）

【socket/socket.js】

```
 1 var io = require('socket.io');
 2 var express = require('express');
 3 var app = express();
 4
 5 app.use(express.static('www'));
 6
 7 var server = app.listen(3000);
 8 var sio = io.listen(server);
 9
10 sio.on('connection', function(socket) {
11   socket.emit('eventName', {
12     msg: 'Connection Ready！',
13   });
14
15   socket.on('user', function(data) {
16     console.log('user:' + data.text);
17     socket.emit('eventName', {
18       msg: '後端收到第' + data.count + '次！',
19     });
20   });
21
22 });
```

引入程式庫

設定連線部分

Socket部分

- **第一部分：引入程式庫**

引入使用到的函式庫 express 和 socket.io，像如果要用到 Johnny-Five 就要引入該函式庫，這邊也是如此。

- **第二部分：連線設定解析**

第 3 行 var app = express();

使用 express 伺服器並宣告變數 app 為 express() 函數。

第 5 行 app.use(express.static('www'));
**將 Server 根目錄指向名為 "www" 的資料夾；**
**若前端檔案和後端檔案在不同的路徑底下，express 必須指定根目錄，避免路徑出錯等問題；**

在此範例中我們把前端檔案和後端檔案放在不同的資料夾路徑底下，故使用 `express` 的 `static()` 方法將指定的資料夾設成根目錄；

簡單來說，範例中**我把 Server 的根目錄指向名為 "www" 的資料夾中**。

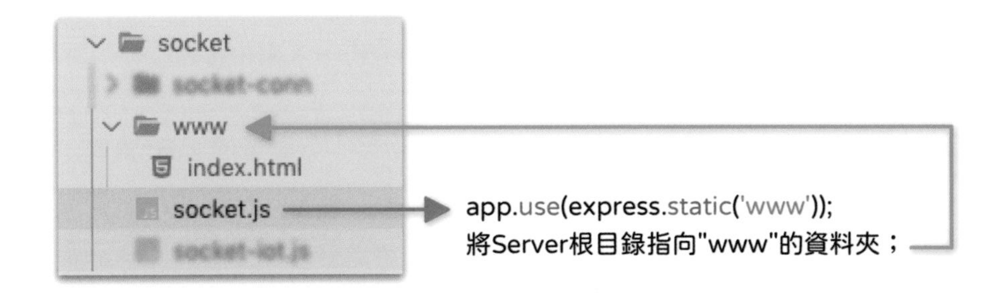


第 7 行 var server = app.listen(3000);
express 伺服器偵聽 3000 port 來做為通訊埠建立連線、資料傳輸等功能。

第 8 行 var sio = io.listen(server);
socket.io 連線 express server，即開啟 socket 連線，此外也可以簡寫成 var sio = io(server);

- 第三部分：Socket 動作

當 Client 端和 Server 端交握連線後，Server 端即透過 `socket.emit();` 發出自訂事件物件 `msg:'Connection Ready!'` 給 Client 端，並等待接收 Client 端的 user 事件，當 Client 端發出 user 事件再用 `socket.emit();` 回傳 Client 端中的物件給 Server 端。

```
 1 socket.emit('eventName', {
 2   msg: 'Connection Ready！',
 3 });
 4
 5 socket.on('user', function (data) {
 6   console.log('user:' + data.text)
 7   socket.emit('eventName', {
 8     msg: '後端收到第' + data.count + '次！',
 9   })
10 });
```

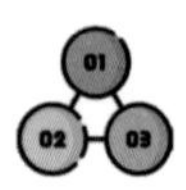


## 第二步：建立 HTML 頁面和前端程式－ Client 部分

前端方面，為了方便觀看資料傳輸成果，筆者做了一個簡單的 html 頁面；在 input 輸入文字後按下 button，送出文字訊息並觸發 user 事件給後端，後端透過 WebSocket 傳輸資料後，回傳值給前端並將資料呈現在前端的畫面上。

> 為了加速製作頁面 CSS 引用 Bootstrap 框架，JavaScript 部分引用 jQuery 來撰寫

§ Socket.io 相關連結 §

- Event － connect：
  https://socket.io/docs/server-api/#Event-%E2%80%98connect%E2%80%99
- Socket － socket.emit：
  https://socket.io/docs/client-api/#socket-emit-eventName-%E2%80%A6args-ack

先看看我們的 html 頁面會長這樣(๑•̀ㅂ•́)و✧

## 來 Coding 吧！程式碼如下 (ง๑ •̀_•́)ง

### 前端部分－HTML

【www/index.html】

```
 1 <form>
 2   <div class="form-group">
 3     <label for="textInput">輸入文字之後送出！</label>
 4     <input
 5       type="text"
 6       class="form-control"
 7       id="textInput"
 8       placeholder="Enter Text"
 9     />
10     <small id="" class="form-text text-muted">
11       送出之後去終端機那邊看看～
12     </small>
13   </div>
14   <button type="button" class="btn btn-primary"
   id="sendMsg">
15     送送送送送～
16   </button>
17 </form>
```

在 HTML 的部分，不要忘記掛載 socket.io 喔～

```
1 <script src="/socket.io/socket.io.js"></script>
```

## 前端部分－ JavaScript（Client 端）

```
 1 var socket = io.connect();
 2 var i = 1
 3 socket.on('eventName', function (data) {
 4   // Client 端接收到由 Server 端接發出的 eventName 事件
 5   $('#resBackEnd').append(
 6     '<div class="alert alert-warning"
  role="alert">' + data.msg + '</div>'
 7   );
 8   console.log(data.msg);
 9 });
10 $('#sendMsg').on('click', function () {
11   inputVal = $('#textInput').val();
12   count = i++
13   socket.emit('user', {
14     // Client 端 送出 User 事件
15     text: inputVal,
16     count: count,
17   });
18 });
```

寫好接收和發送事件之後，我們來執行看看程式結果！

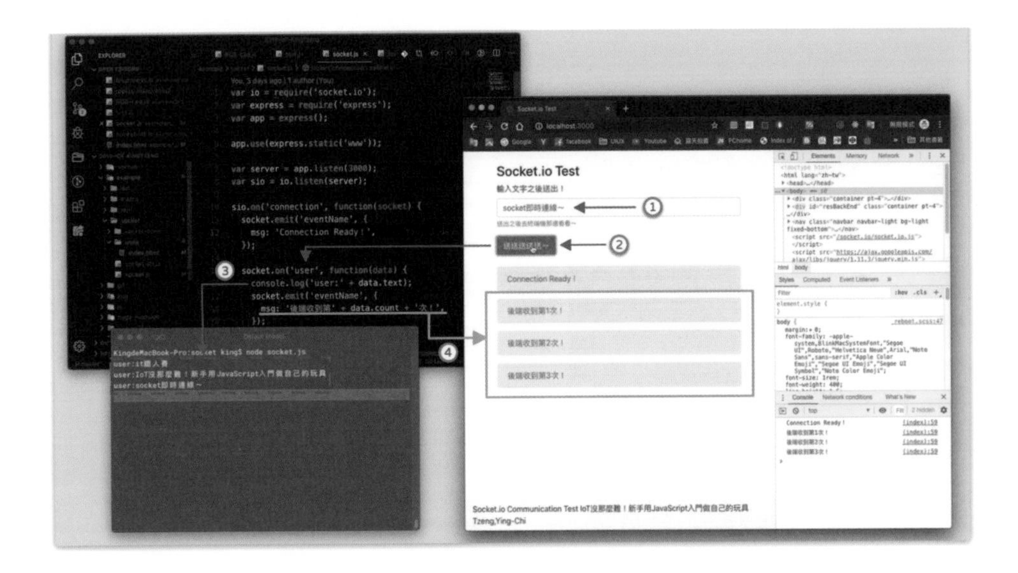


## 執行吧！ GOGO ！٩(๑•̀ω•́๑)۶

開啟終端機到該專案目錄下執行 `node socket.js` 指令→專案啟動後 Server 會等待 Client 端連線→接著在瀏覽器網址列開啟“localhost:3000”此時 Client 端會與 Server 交握連線。

連線成功後，在網頁上 input 輸入文字並按下發送按鍵後，前端即觸發“`user`”事件並且用 `socket.emit();` 方法將“`user`”內的物件資料傳送給 Server 端；

Server 端接收到資料後會執行 `socket.js` 第 15 ~ 19 行，印出 Client 端傳送的物件資料，並且在 Terminal 中回傳“`eventName`”事件給前端顯示，達到我們的目標 Server 端和 Client 端的雙向通訊。

特別注意！
既然是雙向通訊，那麼有一方關閉連線的話，Socket 通訊會一直等待連線，直到再連線。

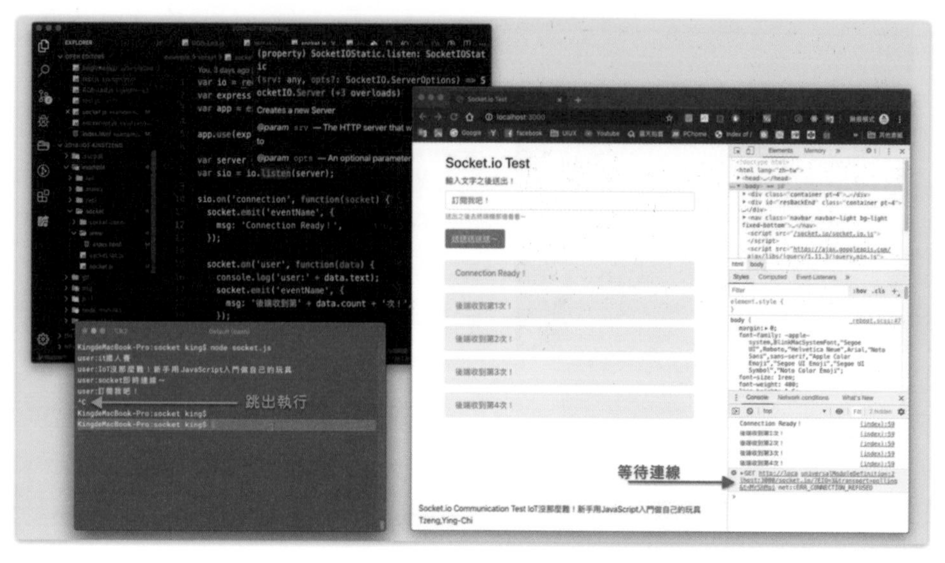


〈 圖為 Server 端跳出連線，Client 端即不斷跳出連線錯誤訊息 〉

## Socket 事件的圖解順序

筆者畫了一下 Server 和 Client 的事件發生的時間序與事件，可以邊對照著程式碼理解看看，希望能幫助讀者理解事件發生順序。(๑•̀ㅂ•́)و✧

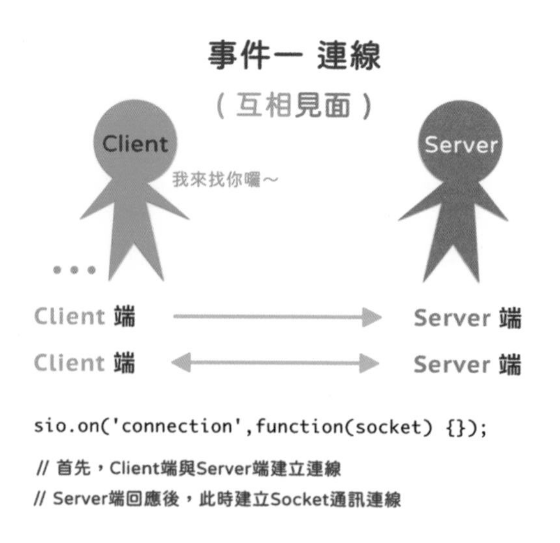

## 事件二 連線後觸發

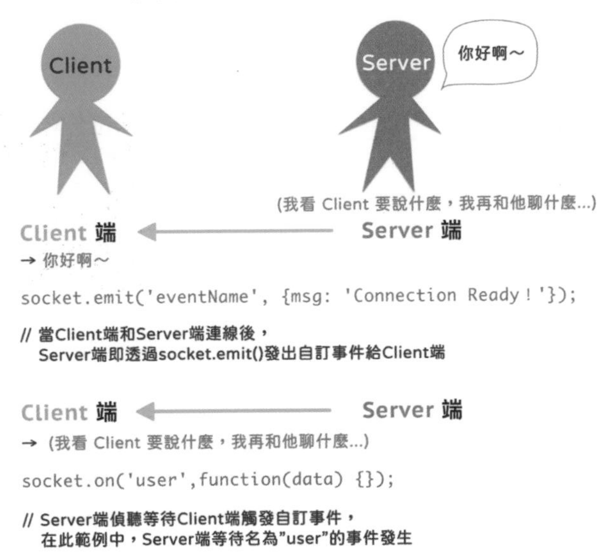


## 事件三 雙向溝通

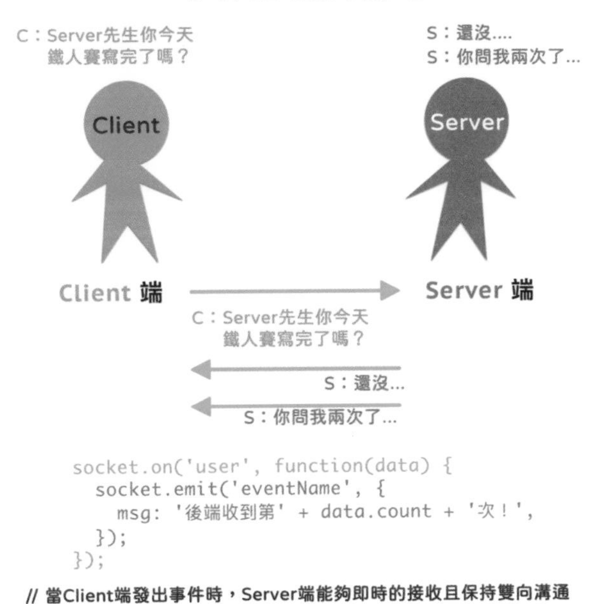

**這就是 Socket.io 的用處！**

以前 http 協定只能做單向的傳輸訊息而 WebSocket 可以做到雙向的傳輸，讓 User 與 Server 之間能夠更便利的接收與傳遞訊息得到更即時的資訊。

# 透過網頁也可以控制 Arduino 嗎？

學了 JavaScript 之後，軟體、硬體我全都要！ ლ(◕ ω ◕ ლ)

我們的終極目標是軟體到硬體、程式到實體，讓使用者可以直接透過網頁來操控 Arduino；在程式架構中會有一個 HTML 的網頁和 Server 伺服器，但我們要在後端加上 Johnny-Five，讓使用者可以在前端透過 Socket.io 傳遞到 Server 端，進而操控 Arduino 的 I/O port。

**那麼就開始實做吧！(ง๑ •̀_•́)ง**

## 打造 UI 介面與程式碼

這次的目標是透過操控網頁的 `<input type="checkbox" />`、`<button type="button">` 物件來控制 Arduino 上的 LED ！

## 架構如下：

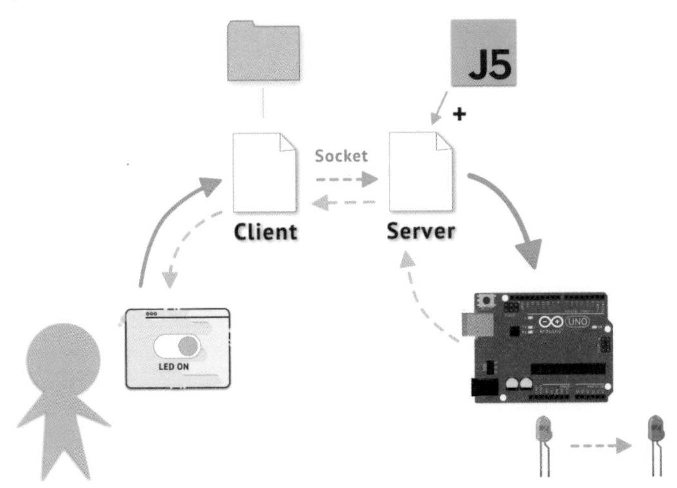


〈筆者想製作的架構想法圖〉

點擊前端頁面的物件，觸發點亮事件再藉由 Socket 傳輸事件給後端，由後端接受後，透過 Johnny-Five 的 `Led();` 函式來點亮 Arduino 上的 LED 燈。

前端需要一個 Button UI，為求開發快速這次 CSS 也使用 Bootstrap 框架，在 Bootstrap 中找到一個符合開關的 UI 物件，就用下去吧！(๑•̀ㅂ•́)و✧

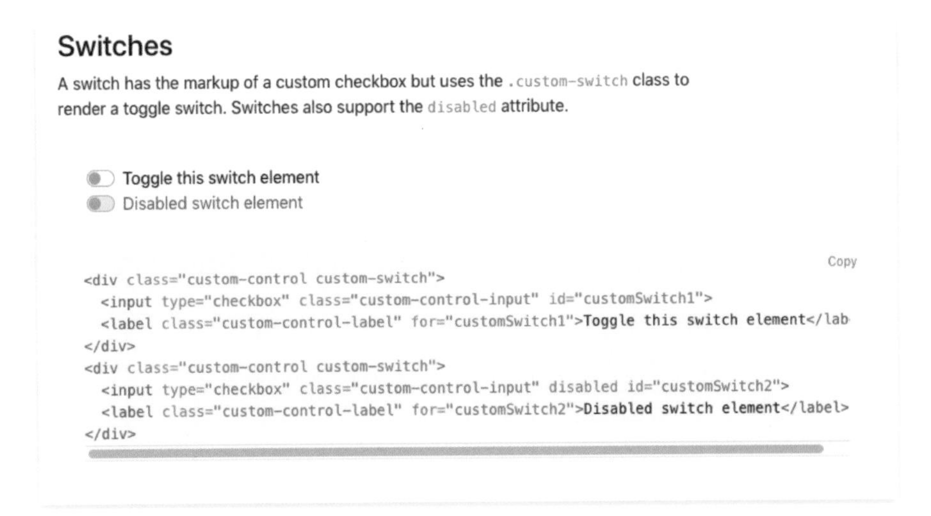

> Bootstrap － Switches
> https://getbootstrap.com/docs/4.5/components/forms/#switches

前端頁面長得很簡單，就是一個 Switch 來作切換開關 ヽ(・ ×・ ´)ゞ

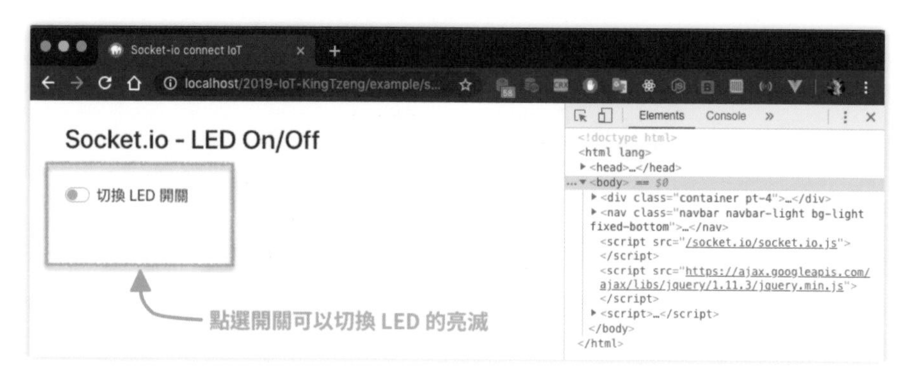


## 實作應用－用網頁控制 Arduino 上的 LED 燈

### 來 Coding 吧！程式碼如下 (ง๑ •̀_•́)ง

### 前端部分－ HTML

【socket/www/index.html】

```
 1 <body>
 2   <div class="container pt-4">
 3     <h3>Socket.io - LED On/Off</h3>
 4     <div class="custom-control custom-switch switch
pt-4">
 5       <input type="checkbox" class="custom-control-
input" id="switch" />
 6       <label class="custom-control-label"
for="switch">
 7         切換 LED 開關
 8       </label>
 9     </div>
10   </div>
11 </body>
```

## 前端部分－ JavaScript（Client 端）

```
 1 //初始化狀態
 2 var sw = false;
 3 var socket = io.connect();
 4
 5 //當網頁上的開關被按下時，觸發事件
 6 $('#switch').click(function() {
 7   sw = true;
 8   sendToServer();
 9 });
10
11 function sendToServer() {
12   //傳送swEvent事件給Server端
13   socket.emit('swEvent', {
14     sw: sw,
15 });
```

## 後端部分－ JavaScript（Server 端）

【socket-iot.js】

```
 1 var io = require('socket.io');
 2 var express = require('express');
 3 var five = require('johnny-five');
 4
 5 var board = new five.Board();
 6 var app = express();
 7
 8 app.use(express.static('socket-conn'));
 9 var server = app.listen(3000, function() {
10   console.log('connected!');
11 });
12
13 var sio = io(server);
14
15 // johnny-five event when johnny init ready
16 board.on('ready', function() {
17   // 指定LED output 為 Arduino 第13腳
18   var led = new five.Led(13);
19   // led 初始化狀態
20   led.off();
```

```
21   // socket連線成功時，開始偵聽前端的 swEvent 事件
22   sio.on('connection', function(socket) {
23     socket.on('swEvent', function(data) {
24     //如果前端有動作則呼叫 johnny-five led.toggle()切換
   led狀態
25       console.log(data);
26       if (data != false) {
27         led.toggle();
28       }
29     });
30   });
31 });
```

後端前半部的 code 相關解釋可以參照上篇的解說，這次要來解釋的是加入 Johnny-Five 的部分。

第 16 行

在 socket 建立起連線之後，使用 Johnny-Five 的 board 方法使 Arduino 初始化，並宣告 `led` 輸出接腳為 Arduino 第 13 支腳位，初始化 LED。

第 22 ～ 30 行

Arduino Ready 後 socket 等待前端連線，當前端與後端交握連線後開始動作。前端若觸發 `swEvent` 事件時，則呼叫 Johnny-Five `led.toggle();` 切換 led 狀態。

## 測試看看吧！(ง๑ •̀_•́)ง

到該專案目錄下啟動 node.js，輸入 `node socket-iot.js`，啟動專案後開啟前端的 HTML 頁面，**當使用者按下 HTML 按鈕元素後，即觸發 `swEvent` 事件呼叫 `led.toggle();` 點亮 LED 操控實體的物件**，即達到我們實作的目標－「使用者可以直接透過網頁來操控 Arduino」。

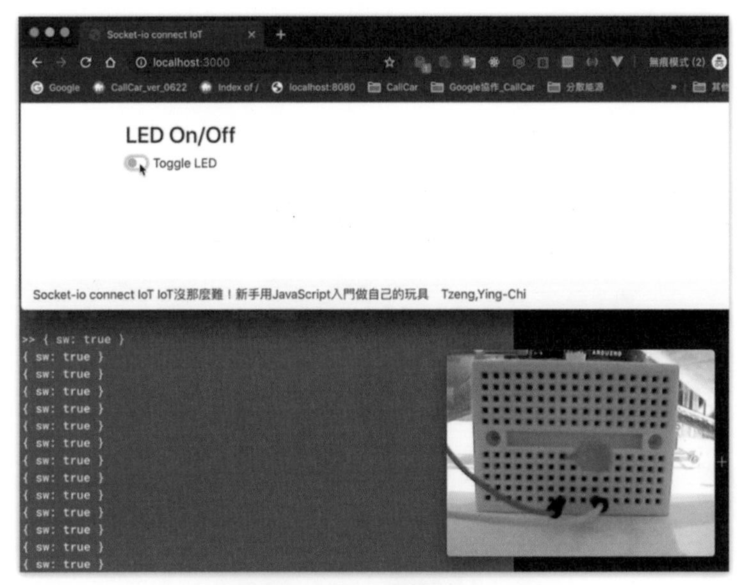


**當網頁的Switch開關還沒按下時**

〈 當網頁的按鈕元素還沒按下時，LED 為滅 〉

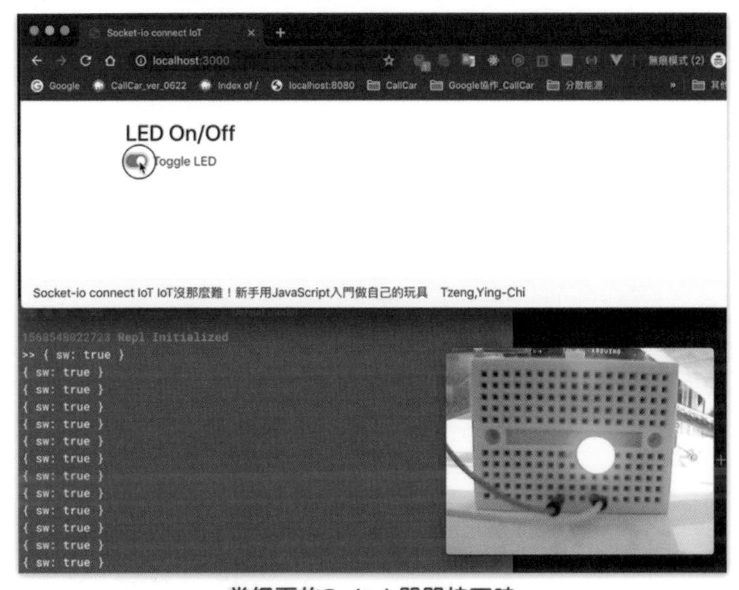


**當網頁的Switch開關按下時**

〈 當網頁的按鈕元素按下後觸發事件，點亮 LED 〉

並且！

只要用能連上網的智慧裝置在同一個網段之下連上 WiFi 後，手機等智慧裝置也可以利用網頁來操控實體的物件喔！d(d ' ∀ ' )

**只要在同一個網段下，連上WiFi後也可以操控喔**

## 章節結語

本篇章展示簡單的 LED 亮 / 滅，在同樣的架構下還可以創造各種可能性，像是使用不同的感測器做出智慧家居、智慧家庭應用、寵物管理這些應用…

**想像力就是你的超能力！**就等大家來與我一起分享你們的成果喔！(๑•̀ㅂ•́)و✧

CHAPTER

# 04

# 玩 IoT 必備的感測器！

# 中場休息！IoT 必備的感測器 Top 8 ！

## 只有玩玩 LED 太單調啦～(ΦωΦ)

前幾篇我們介紹 Arduino 的 Output 顯示部分，從 User 端控制 Arduino 再由 I/O 腳輸出電壓，讓 LED 發光等～

但是…**如果 Arduino 只能這樣就太無聊啦～( ´ェ ノ∀ヽ ェ`)**

今天要來介紹 Arduino 常用的感測器元件（Sensor），Sensor 可以將外在環境變化轉變成電子訊號，例如溫度、濕度、加速度、光的明暗度等；透過 Sensor 偵測再輸入（input）到 Arduino 上，Arduino 進行處理訊號後再輸出成讓人類看得懂的數值、資訊等…

## 舉幾個在生活中最常見的感測器

### ◆ 溫度、濕度感測器

用途：偵測環境的溫度、濕度。

生活中再普通不過的 Sensor 了 ...
現今智慧家電中一定會有溫濕度感測器藏身其中；像是直流電風扇、冷氣機等，都可以看到此類 Sensor 的身影。

照片中有藍色蓋子的為溫濕度感測器，右邊像電晶體外表的為 LM35 溫度感測器。

## 光敏電阻

用途：偵測環境的明暗度。

是否會在家中的小夜燈上看到一個透明的洞洞呢？那可能正是光敏電阻在裡面做環境光的偵測！
自動點亮型的小夜燈裡面有光敏電阻，會根據環境光的明暗度來調整小夜燈的亮滅。

光敏電阻在後面的章節中會介紹與實際應用在小遊戲當中，敬請期待囉～

## 氣體檢測感測器

用途：專門測環境氣體。

Sensor 有分很多種，二氧化碳、一氧化碳、丙烷、甲烷等 ...

魯宅筆者這一個是檢測氨氣的，因為本魯本來想寫一個偵測貓砂盆如果氨器值太高 ( 即貓砂盆太臭 ) 就提醒我的裝置，~~後來因為鐵人賽挑戰完後太累而休王 ...~~ ( 我就懶 ... (つ дc)

## 超音波測距器

用途：利用超音波從發射到返回的時間算出距離的值。

最著名的應用就是掃地機器人閃躲障礙物，因為掃地機器人上面有超音波測距器，可以偵測離牆壁的距離，許多用來 Maker 也會拿超音波測距器拿來放在自走車上玩。

## 人體紅外線感測器

用途：專用感測器探測到動物紅外光譜的變化。

在冷氣機上面可以看到拿來當作偵測人體的溫度來調節環境溫度，也可以在防盜器上看到，利用紅外線來偵測有沒有人進出等 ...

後面的章節也會詳細介紹到，也敬請期待囉！

## 加速度偵測器

用途：檢測應用中測量靜態重力加速度，有 X、Y、Z 三個軸。

加速度計不等於陀螺儀，兩者是不同的偵測原理。

通常手機的規格上會看到加速度計，有些賽車遊戲也會利用加速度計搭配陀螺儀達到體感遊戲的應用。

在後面的章節中，我們會利用加速度計來控制網頁上的元素，非常好玩一定要跟著實作喔！

## 聲音感測器

用途：感測環境聲音的有無和判斷聲音強度的大小。

應用方式如麥克風、噪音檢測器、分貝器等應用。

## 土壤濕度模組感測器

用途：一般用來檢測土壤的濕度。

土壤濕度模組感測器可用於檢測土壤的水分，當土壤缺水時，模組輸出一個高電位，反之輸出低電位。

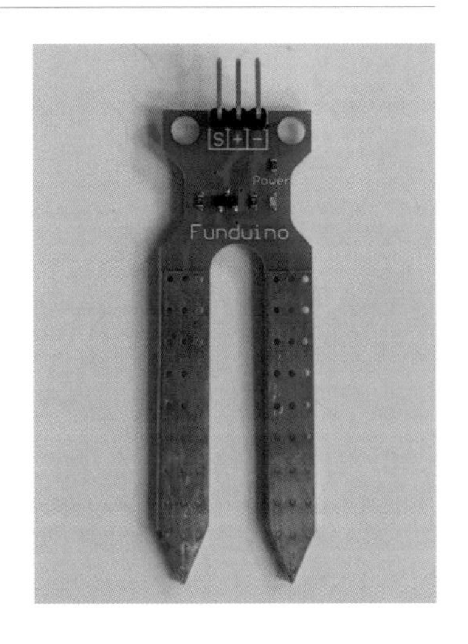


**中場休息結束**

還有很多種 Sensor 模組，這邊列出比較常被 Maker 拿來使用的 Sensor，這些 Sensor 只要你夠有創意，就可以把他們兜在一起創造出有趣的應用喔！

接下來後半篇章，我們即將進入感測器的世界，大家要好好跟上喔！ξ( ✿ > ◡❛)

CHAPTER

# 05

# 從實體控制虛擬

# 手心的溫度～ _ 溫度感測計（Temperature Sensor）

上半系列介紹了被動元件發光二極體 (LED)，下半系列要介紹各種 Sensor 的應用，本篇要介紹的是**溫度量測－溫度計**。

## 溫度感測計（Temperature Sensor）介紹

溫度感測器有很多種型號，筆者使用的溫度感測器是 LM35，外觀很像電晶體，有三隻接腳，分別是

- 電壓 VCC

供電電源為直流 DC 4～20V，**普通狀況下都是接 5V 就好**。

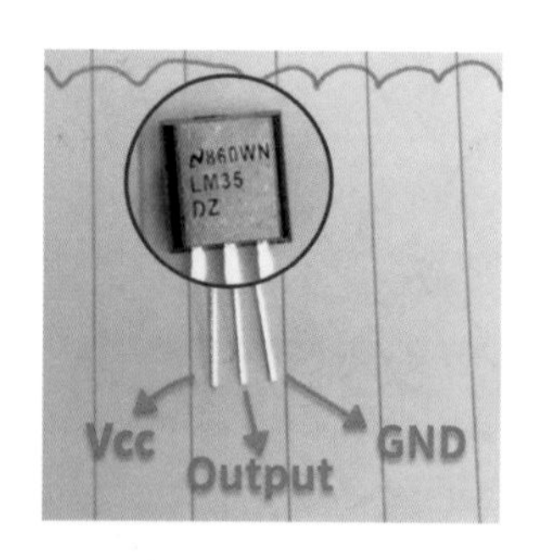


- 輸出腳 Output

可量測的溫度範圍為攝氏 -55°C～150°C，訊號為**類比線性輸出**。

- 接地腳 GND

~~不是接地氣喔，~~是接地啦…電子電路在設計時，要為電路迴圈設下一個電位參考點，為整個電路提供基準電位，這樣才會有電位差。

## LM35 特性＆工作原理

由於 LM35 僅從電源汲取 60μA 電流，因此晶片自體發熱的溫度不到 0.1°C，溫度的精度誤差很低僅在室溫正負 0.25 度，故不需要特別的進行校

正；LM35 可量測的溫度範圍為 -55˚C～150˚C，而接腳方面單純容易連接使用；其工作原理為，「**其輸出電壓與攝氏溫度成線性比例**」，每上升 1℃ 即上升 10mV。

> 公式為
>
> Vout = 10（mV/℃）× T
>
> Vout 為 LM35 輸出電壓（單位為 mV），T 為溫度即 ℃

§ LM35 Data Sheet §

- LM35 Precision Centigrade Temperature Sensors
  http://www.ti.com/lit/ds/symlink/lm35.pdf

## Johnny-Five 上的 Thermometer

> Johnny Five － Thermometer：
> http://johnny-five.io/api/thermometer/

Johnny-Five 支援非常多不同種類的溫度感測器，清單裡的 DHT 系列也是很常見的溫度濕度感測器；筆者也有購買一個 DHT 系列的溫濕度感測器來實驗，不過測試後發現用 Johnny-Five 使用 DHT 系列還要再接一塊支援 I2C 的開發板，故先拿 LM35 來實做。

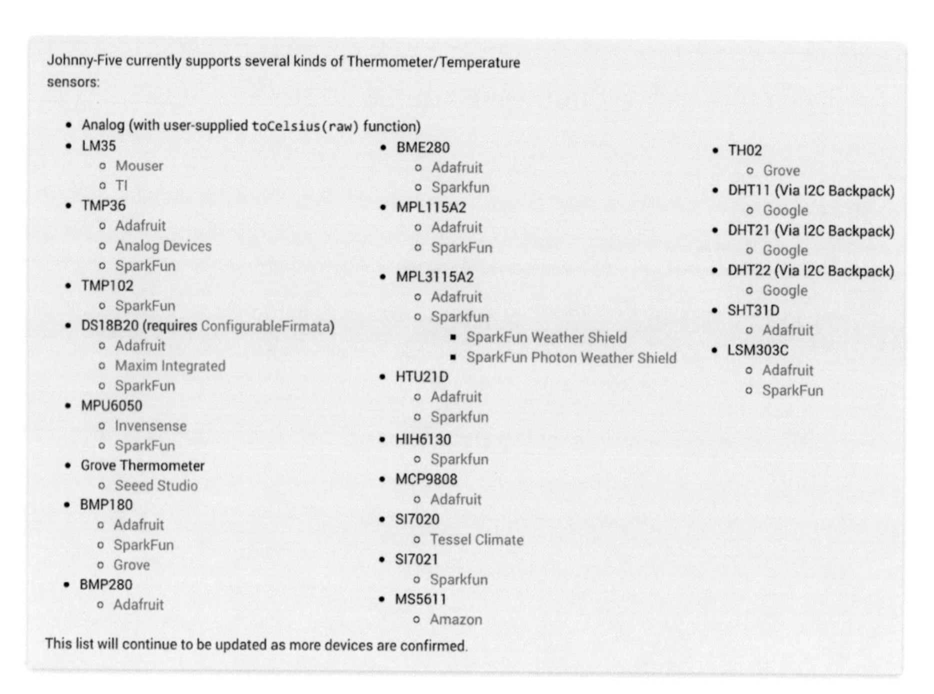
Johnny-Five currently supports several kinds of Thermometer/Temperature sensors:

- Analog (with user-supplied `toCelsius(raw)` function)
- LM35
  - Mouser
  - TI
- TMP36
  - Adafruit
  - Analog Devices
  - SparkFun
- TMP102
  - SparkFun
- DS18B20 (requires ConfigurableFirmata)
  - Adafruit
  - Maxim Integrated
  - SparkFun
- MPU6050
  - Invensense
  - SparkFun
- Grove Thermometer
  - Seeed Studio
- BMP180
  - Adafruit
  - SparkFun
  - Grove
- BMP280
  - Adafruit
- BME280
  - Adafruit
  - Sparkfun
- MPL115A2
  - Adafruit
  - SparkFun
- MPL3115A2
  - Adafruit
  - Sparkfun
    - SparkFun Weather Shield
    - SparkFun Photon Weather Shield
- HTU21D
  - Adafruit
  - Sparkfun
- HIH6130
  - Sparkfun
- MCP9808
  - Adafruit
- SI7020
  - Tessel Climate
- SI7021
  - Sparkfun
- MS5611
  - Amazon
- TH02
  - Grove
- DHT11 (Via I2C Backpack)
  - Google
- DHT21 (Via I2C Backpack)
  - Google
- DHT22 (Via I2C Backpack)
  - Google
- SHT31D
  - Adafruit
- LSM303C
  - Adafruit
  - SparkFun

This list will continue to be updated as more devices are confirmed.

〈 圖為 Johnny-Five 對溫度感測器的支援列表 〉

使用 Johnny-Five Thermometer 元件，初始化元件要先 new 一個 five.Thermometer 物件 pins 為必要參數，**接腳則必須使用類比的腳位**。

```
1 new five.Thermometer({
2   pin: "A0",
3   controller:"LM35",
4 });
```

## 使用寫法範例

我們可以透過 Johnny-Five 的 `new five.Thermometer` 物件取得三種度量衡溫度分別是「攝氏溫度、華氏溫度、凱式溫度」，讓我們不用很辛苦的轉換來轉換去，非常的方便。

```
1 var five = require("johnny-five");
2 var board = new five.Board();
3
4 board.on("ready", function() {
5
6   var temperature = new five.Thermometer({
7     pin: "A0"
8   });
9
10   temperature.on("data", function() {
11     console.log("celsius: %d", this.C);
12     //取得 攝氏溫度
13     console.log("fahrenheit: %d", this.F);
14     //取得 華氏溫度
15     console.log("kelvin: %d", this.K);
16     //取得 凱氏溫度
17   });
18 });
```

## Johnny-Five Thermometer API

> Johnny-Five Thermometer API：
> http://johnny-five.io/api/thermometer/#api

Johnny-Five 的 Thermometer API 只有兩個，主要是用來控制 event 事件。

### ◆ enable()

功能：開始 Thermometer 的 data/change 事件。

如果 Thermometer 已經啟動則無作用。

### ◆ disable()

功能：停止 Thermometer 的 data/change 事件。

如果 Thermometer 已經停止則無作用。

## Thermometer API － Events 事件

在 LED 單元中，LED 的 Johnny-Five 物件僅只有輸出作用而已，因此不會發出任何事件；但是在感測器（Sensor）單元中多了 Event 事件，感測器以偵測事件為主，偵測到環境的變化後把環境資訊化為人類看的懂得數值，並回傳給 Arduino 再由圖形化介面輸出讓使用者閱讀。

而 event 則有 `change` 和 `data` 事件可以用。

- `change`

當溫度數值有**變化**時，**才會輸出數值**。

- `data`

**以開發者定義的頻率**[註] `freq` **來發送溫度數值**，單位為毫秒 (`milliseconds`)。

> 註：Johnny-Five 定義變數名稱為 **freq**（頻率，一秒幾次），但這裡應該傳入週期（幾秒一次）作為參數，純粹是變數名的誤用。

### change 和 data 兩者有什麼不同呢？

`change` 是當數值有改變時才會輸出資料，而 `data` 是分秒時時刻刻在輸出資料，輸出的頻率就以我們定義時間的來看！(๑•̀ㅂ•́)و✧

### 舉例來說：

change 當數值有改變時才會輸出資料

＊ 27 ℃ → 28 ℃ 會輸出
＊ 27 ℃ → 27 ℃ 不會輸出

而 data 則是時時刻刻在輸出資料，輸出的頻率由我們定義的毫秒來輸出資料。

## 實作應用－ LM35 的溫度量測

這次的實作應用，實驗目標為使用 LM35 感測器來做環境溫度的量測；在程式端撰寫設定 Sensor 一秒輸出一次溫度值，當筆者用手捏住 LM35 時，觀察輸出的溫度值會上升，直到 Sensor 到達攝氏 30 度時停止輸出動作。

### 電路接線圖

因為**溫度是連續的類比訊號**，所以我們要把 LM35 的輸出腳接到 Arduino 的**類比輸入腳**。

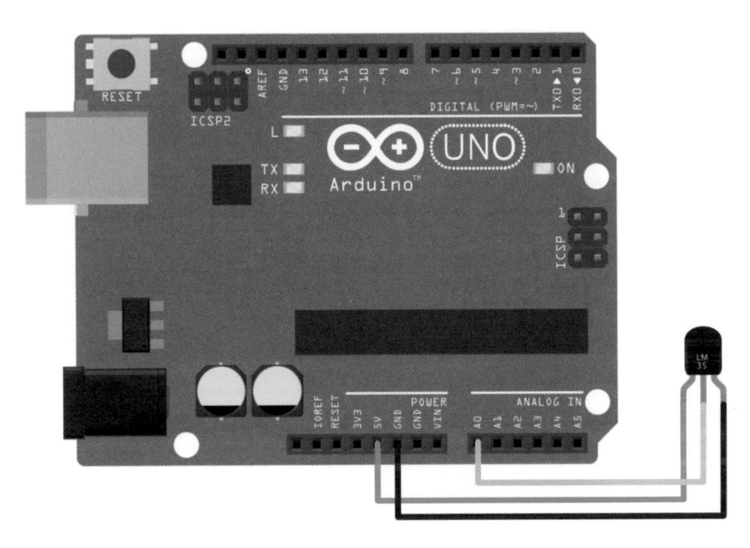


**記得要接類比訊號輸入I/O**

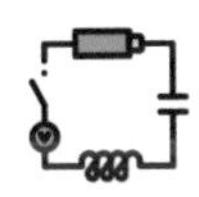

### 電子電路圖

LM35 外觀形狀像電晶體，切面的地方最左邊的 pin 腳為第一支接腳「Vcc」，中間為 Vout 即「輸出腳」，最右邊則為第三支 pin 腳「接地腳」。

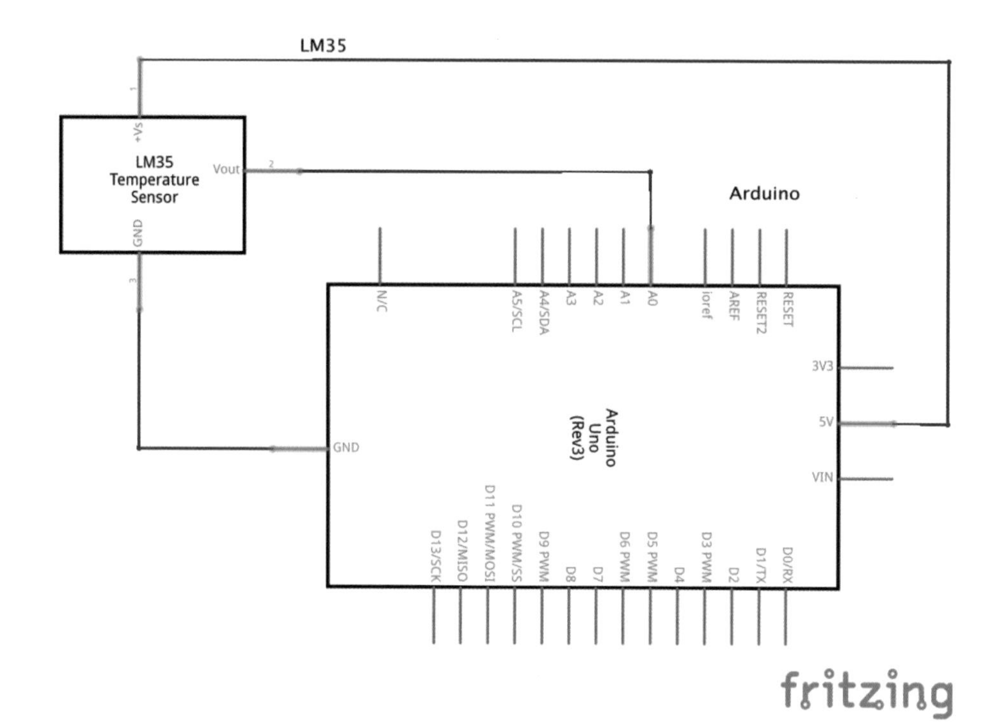


電路方面應該不算難，接完電路就來看看接下來實做需要什麼材料吧！(ง๑ •̀_•́)ง

## 這邊需要準備的材料有

－硬體的部分－

- Arduino UNO ＊ 1 片
- USB Type B 線材 ＊ 1 條
- LM35 ＊ 1 顆
- 杜邦線 ＊ N 條

## 來 Coding 吧！程式碼如下 (ง๑ •̀_•́)ง

```
1 var five = require('johnny-five');
2 var board = new five.Board();
3
4 board.on('ready', function() {
5   var temperature = new five.Thermometer({
6     controller: 'LM35',
7     pin: 'A0',  // 類比輸入腳
8     freq: 1000, // 一秒取一次溫度值
9   });
10   temperature.on('data', function() {
11     console.log(this.celsius + '°C');
12     temp = this.celsius;
13         // 取攝氏溫度
14     if (temp == 30) {
15         // 當溫度 30 度時停止偵測動作
16       temperature.disable();
17     }
18   });
19 });
```

在此範例中，

第 5 行 Johnny-Five 的 new five.Thermometer 物件必須先宣告使用的 Sensor 為何，並填寫 controller：”Sensor 型號 ”；

第 10 行

使用 data 事件一秒向 Sensor 取一次數值，取值的頻率來自程式碼的第 8 行 { freq: ms 毫秒 ( 數字型別 ) }；

第 12 行中 this.celsius 取攝氏溫度值，根據官方的文件也可以簡寫成「this.C」，~~但本魯宅筆者是不太推薦寫簡寫啦⋯~~ ( 一點都不好閱讀阿 ... (˘･з･)

第 14 行開始就是條件判斷式了，當溫度到達攝氏 30 ℃時，就執行 API disable() 函式做為結尾。

以上就是我們簡易的環境溫度測量計了！(๑•̀ㅂ•́)و✧
後面還有很好玩的應用，Sensor 的第一篇請大家一定要實際的練習看看喔！

## 視覺化溫度資料
## Highcharts + Socket.io + Johnny Five

上個篇章我們使用 LM35 與 Johnny-Five 來撰寫溫度感測器，但是溫度的訊息只有在 Terminal 上去吐訊息出來，根本就看不出來資料的高低變化 ... (˘･з･)

於是，這次筆者要結合前端圖表框架來呈現 Thermometer 所回傳的資料值，讓使用者可以更直觀的方式來觀看圖表上溫度的變化。

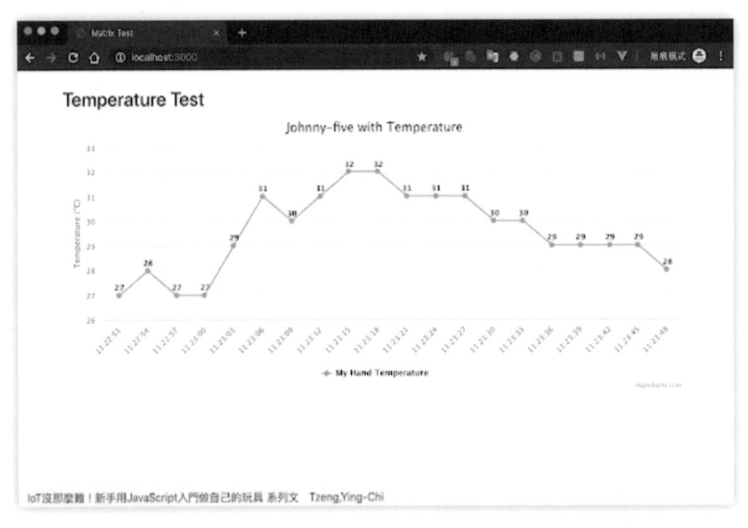


〈 圖為視覺化圖表，加入 JS 圖表框架，讓使用者閱讀上更為便利。 〉

## Highcharts 介紹

那麼，首先要介紹視覺化工具－「Highcharts.js」

Highcharts 是一個可以把資料視覺化的圖表 JavaScript 框架 (framework)，可以簡單的用 JavaScript 的把資料統計、顯示圖表在網頁上；Highcharts 提供包括：折線圖、面積圖、長條圖和條形圖、圓餅圖等…多種圖表供開發者選用。

Highcharts － https://www.highcharts.com/

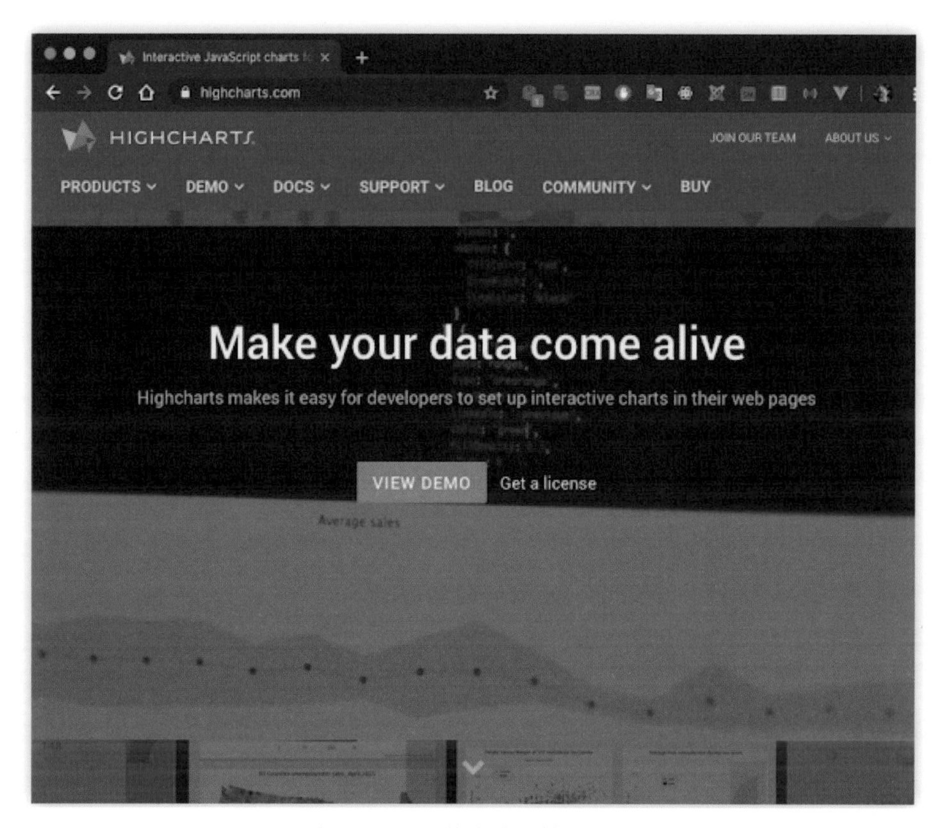


〈Highcharts 的官方網站頁面〉

當然還有其他優秀的 JavaScript 視覺化圖表庫，那為什麼筆者選用 Highcharts 呢？選用 Highcharts 原因有

- 使用 SVG 來建立圖表，方便操控使用
- 支援 Mobile & 支援 RWD
- 擁有完整的 API，可以方便且快速的開發

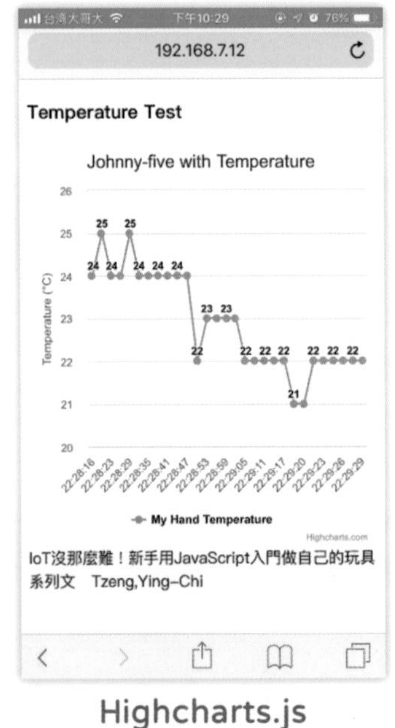


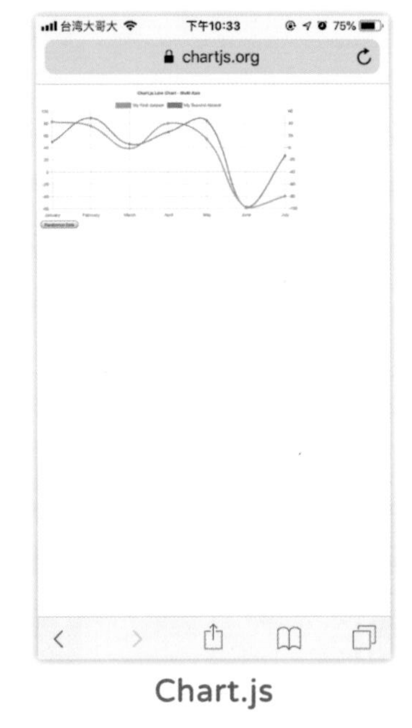


**比較一下 Highcharts.js 和 Chart.js 在 Mobile Device 上的表現**

### 其他的 JavaScript 視覺化圖表庫

還有其他的 JavaScript 視覺化圖表庫，像是最知名的 JavaScript 圖表庫 D3.js、Open source 使用 HTML5 Canvas 的 Chart.js，這些都可以做選擇使用，就看人選用吧～擇你所愛，愛你所選囉。ξ( ✿ > ◡❛)

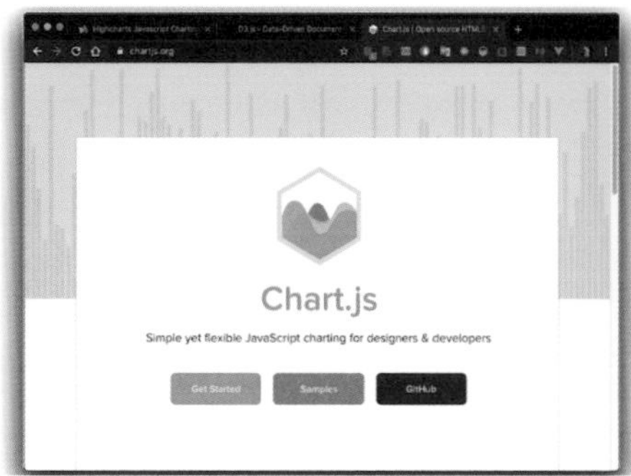


§ 常見的 JavaScript 視覺化工具 §

- 最知名的 JavaScript 圖表庫 - D3.js
  https://d3js.org/
- Open source 使用 HTML5 Canvas 的 Chart.js
  https://www.chartjs.org/

## 組裝合體！ Socket.io + Johnny Five + Highcharts

接下來説明，怎麼實現透過 Socket.io 來蒐集溫度資料並顯示在網頁圖表上！(งๆ •̀_•́)ง

**想法是這樣的：**

之前玩 LED 時是由 **Client 端控制透過 Socket 傳遞到 Server 端**，並在 Server 端中使用 Johnny-Five 來控制 Arduino。

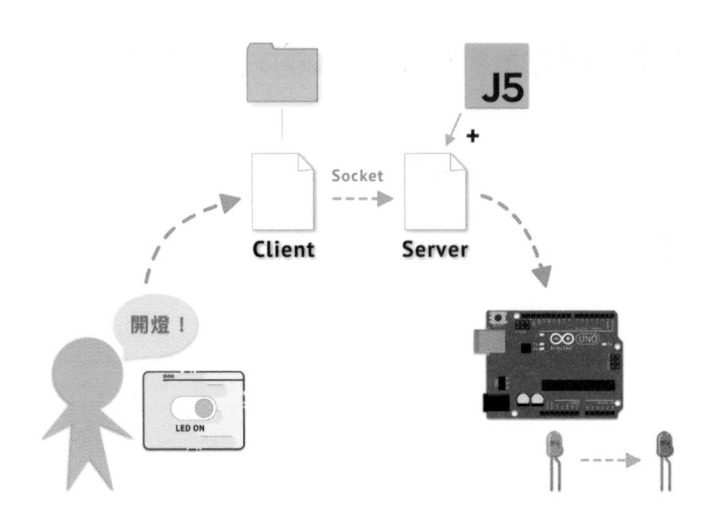


〈 以往是由 Client 端來控制，傳遞方向是 Client 往 Server 端傳送 〉

而這次是由 Sensor 偵測資訊並傳遞給 Arduino 輸入資料，Arduino 處理完傳給 Server 透過 Socket 傳遞給 Client 端，再由 Client 端連上網頁後觀看相關資料資訊。

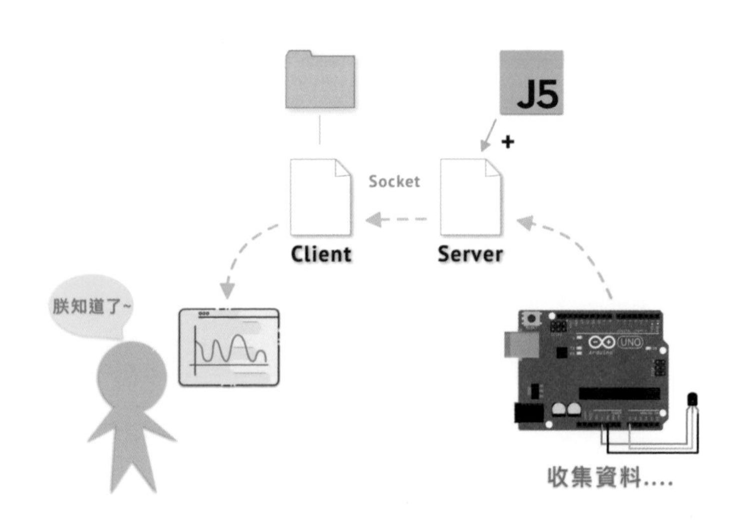


〈 現在由 Sensor 偵測資訊給 Arduino 後，再從伺服端透過 Socket 傳送資訊與用戶端連線查看資料，資訊等。 〉

## 實作應用－溫度儀表板（Thermometer Dashboard）

這次的目標是要做一個溫度儀表版，用視覺化的圖表來顯示環境溫度的高低。那麼，首先我們來寫前端頁面部分！ \(･ ×･ ´)ゞ

### 來 Coding 吧！程式碼如下 (ง๑ •̀_•́)ง

前端頁面要使用到 Highcharts.js 呈現圖表，X 軸為時間，Y 軸為攝氏溫度；使用 Highcharts.js 加上 WebSocket，當 Socket 開始連線後，開始接收資料顯示在前端頁面上。

### 前端部分－ HTML

【temperature/www/index.html】

```
1 <body>
2   <div class="container pt-4">
3     <h3>Temperature Test</h3>
4
5     <!-- 在網頁中添加一個div，並給它一個id且設置寬度和高
  度，這將是圖表的寬度和高度。 -->
6     <div id="chart" style="width:100%;
  height:400px;"></div>
7
8   </div>
9
10  <script src="/socket.io/socket.io.js"></script>
11  <script
  src="https://ajax.googleapis.com/ajax/libs/jquery/1
  .11.3/jquery.min.js"></script>
12  <script
  src="https://code.highcharts.com/highcharts.js">
  </script>
13  <script src="index.js"></script>
14
15 </body>
```

第 6 行
Highcharts.js 圖表生成的要件，**必須在 HTML 中給它一個 div，並且給它一個 id 和設置寬度 (width) 與高度 (height) 當作生成的標籤 (tag)**，圖表的寬高取決於 div 中 CSS inline style 裡的 **width**、**height** 設定。

## 舉例來說：

```
<div id="chart 名稱 " style="width: 寬度 ; height: 高度 ;"></div>
```

在此範例中，圖表的 id 名稱為 "chart"，圖表的寬度 width 我設定為 100%，高度 height 為 **400** 像素 (px)。

第 10 行～第 12 行
記得要引用外部的 JavaScript library 像 socket.io、jQuery 還有最重要的 Highcharts.js；在此範例中我把前端的 JS 檔案獨立出來，所以在第 13 行中引用獨立出來的 index.js，這樣寫作上會比較易讀清楚。

## 前端部分－ JavaScript

【temperature/www/index.js】

```
1 var socket = io.connect();
2
3 socket.on('startTemp', function(data) {
4   // 當socket開始連線時，接收資料
5   console.log(data);
6   tempData = data.temp; // 溫度陣列
7   timeData = data.time; // 時間陣列
8   renderChart(tempData, timeData); // 產生圖表
9 });
```

- **第一部份 Socket 接收資料**

這個部分主要的功能是來接收 Server 端的資料，當 socket 連線後傳送溫度資料到 Client 端，並呼叫自訂函式 renderChart()；

renderChart(tempData, timeData) 函式中 tempData 和 timeData 參數為陣列資料，在 Highcharts 中 X 軸和 Y 軸接受的資料型態為 Array 資料集。

```
10
11 function renderChart(tempData, timeData) {
12   Highcharts.chart('chart', {
13     // 在 div id="chart" 中繪製Highcharts圖表
14     chart: {
15       type: 'line', // 圖表種類
16       animation: false,
17     },
18     title: {
19       text: 'Johnny-five with Temperature',
20     },
21     xAxis: {
22       //  X軸
23       type: 'datetime',
24       categories: timeData, // X軸資料
25     },
26     yAxis: {
27       title: {
28         text: 'Temperature (°C)',
29       },
30     },
31     plotOptions: {
32       line: {
33         dataLabels: {
34           enabled: true,
35         },
36       },
37     },
38     series: [
39       // 資料集，若有複數資料集以物件方式來增加
40       // ex:{name: '軸的名稱',data:陣列資料,}
41       {
42         name: 'My Hand Temperature',
43         data: tempData, //溫度陣列資料
44       },
45     ],
46   });
47 }
```

- 第二部份 繪製圖表（Render Chart）

第 12 行，要使用 Highcharts 產生圖表，必須呼叫 Highcharts.chart 方法 (method)，圖表會生成在剛剛給的 HTML div 標籤 <div id="chart 名稱 "> </div> 中；

第 14 行

Highcharts 有提供非常多類型的圖表，在此範例中我們使用折線圖，參照 Highcharts 的 JS API Reference 中 **chart 物件 type 屬性為「圖表種類」，預設值為 'line' 也就是折線圖**；

其他圖表種類還有**條狀圖 (type 值為 'bar')**、**圓餅圖 (type 值為 'pie')** 等⋯使用者可至下列參考連結查詢所需的圖表，依照所需的圖表類型填寫 chart 物件的 type 值。

§ Highcharts API Reference §

- Highcharts API Reference – chart.type
  https://api.highcharts.com/highcharts/chart.type

第 21 行 X 軸（xAxis）

**type 屬性為軸的類型**；Highcharts 內建提供 linear、logarithmic、datetime、category；此範例中資料集為**時間單位**，故 X 軸的 type 使用 datetime。

**categories 屬性為 X 軸上各點 (point) 的名稱**；可以使用數字或是字串來命名，也依照 type 所設定的類別來自動產生相對應的名稱，categories 也可以有複數資料集，但在官方 API 中提到「**最好的做法還是需要定義好 categories 的資料陣列**」。

§ Highcharts API Reference §

- Highcharts API Reference – xAxis.type
  https://api.highcharts.com/highcharts/xAxis.type
- Highcharts API Reference – xAxis.categories
  https://api.highcharts.com/highcharts/xAxis.categories

第 38 行 資料集（series）
Series 就是呈現資料數據的地方；若有兩筆以上的資料集可以以物件形式來增加，格式如第 40 行的註解所示；

在此範例中，由 LM35 偵測到的環境溫度值會由 Socket 從 Server 端傳遞到 Client 端，再由每次的接收來更新 `tempData` 的陣列資料，呈現在圖表上達到視覺化的目標。(๑•̀ㅂ•́)و✧

§ Highcharts API Reference §

- Highcharts API Reference – series
  https://api.highcharts.com/highcharts/series

## 後端部分 – JavaScript

後端部分一樣使用到 Socket.io 和 Express 做為傳遞的媒介，其實架構很簡單，分成**引用及宣告**、**使用 Johnny-Five 控制 Arduino** 還有**推播資料**三大部分，讓我們來一一檢視吧！(ง๑ •̀_•́)ง

- 第一部份 引用、宣告變數

【temp-chart.js】

```
 1 var io = require('socket.io');
 2 var express = require('express');
 3 var five = require('johnny-five');
 4
 5 var board = new five.Board();
 6 var app = express();
 7
 8 app.use(express.static('www'));
 9 var server = app.listen(3000, function() {
10   console.log('connected!');
11 });
12
13 var sio = io(server);
14
15 var timeArray = [];
16 var tempArray = [];
17 // Highcharts資料集必須用陣列，故宣告溫度與時間陣列
18
```

第 1 ～ 13 行　是不是有識曾相識的感覺呢～(´ｪ ﾉω､ｪ)

就和先前的範例一樣，要使用 socket.io、express、johnny-five 都要先引用 library 進程式裡。

第 5 行

宣告 `var board = new five.Board();` 建立 Board 物件，讓我們能操控 Arduino 開發板。

第 6 ～ 11 行

express 啟動服務的相關設定，可以參考「用 Socket.io 建立即時連線！」章節來做相關的設定。

第 15、16 行就是我們重要的 X 軸 Y 軸的資料集了！

**Highcharts 所接受的資料集為陣列型態 (Array)**，故我們先宣告 `timeArray` 時間資料集和 `tempArray` 溫度資料集為 Array 型態。

- 第二部份 **使用 Johnny-Five 控制 Arduino**

```
19 board.on('ready', function() {
20   var temperature = new five.Thermometer({
21     controller: 'LM35', //設定感測器元件
22     pin: 'A0', //設定輸入類比腳
23     freq: 3000, //設定三秒取一次溫度值
24   });
25
26   sio.on('connection', function(socket) {
27     temperature.on('data', function() {
28       // console.log(this.celsius + '°C');
29       temp = this.celsius; // 取得目前環境攝氏溫度
30       tempArray.push(temp);
31       tArr = getTime();
32       console.log(tempArray, tArr);
33       socket.emit('startTemp', {
34         // 發送給 Client startTemp事件
35         temp: tempArray,
36         time: tArr,
37       });
38     });
```

第 19 ～ 24 行

我們使用 Johnny-Five 物件函式，當 Arduino 開發板初始化之後，宣告 new five.Thermometer 物件，並設定 controller 參數使用的感測器元件為何，連接到 Arduino 的哪一個 pin 腳；

圖表需要資料集才能呈現溫度高低的變化，所以我們需要在固定的時間頻率取 Sensor 感應到的溫度數值，故我們採用 Johnny-Five 的 data 事件，在固定的間隔時間取 Sensor 值，freq 則為頻率時間，以毫秒為單位；在此範例中，我們設定 3 秒取一次溫度值。

第 29 行

temperature 物件使用 data 事件每三秒向 Arduino 取目前的環境溫度數值 this.celsius(攝氏)，並 push 到 tempArray 陣列中。

第 31 行

呼叫自訂函式 `getTime()`，此自訂函式功能為取當前的時間，並 push 到 `timeArray` 中。

- 第三部份 **將收集到的溫度資料推播給 Client 端**

第 33 行

使用 socket.io 的 `socket.emit()` 方法將物件陣列資料由 Server 端推播給前端，讓前端接收到資料後呈現在圖表上。

第 49 ~ 69 行

這一大段都在做 JavaScript 時間上的轉換。

```
49        m = checkTime(m);
50        d = checkTime(d);
51        h = checkTime(h);
52        min = checkTime(min);
53        s = checkTime(s);
54
55        dateTime = { year: y, mon: m, day: d, h: h,
   min: min, sec: s };
56        timeStr = h + ':' + min + ':' + s;
57
58        timeArray.push(timeStr);
59
60        return timeArray;
61      }
62      function checkTime(i) {
63        if (i < 10) {
64          i = '0' + i;
65        } // add zero in front of numbers < 10
66        return i;
67      }
68      /* 這一大塊都是在取時間 end*/
69    });
70 });
```

## 測試看看吧！(ง๑ •̀_•́)ง

一樣我們到該專案目錄下啟動 node.js，輸入 `node temp-chart.js`，開啟瀏覽器在網址列輸入 localhost:3000，開啟頁面後若有新增節點，並且有溫度數值顯示表示成功啦！(* ´∀`)~♥

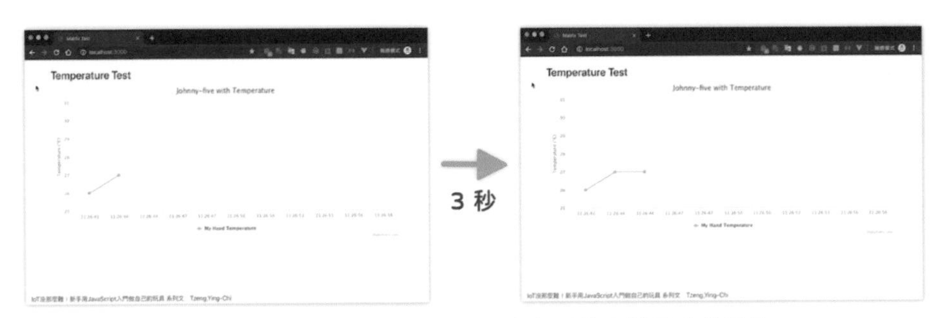


用視覺化圖表來顯示LM35收集到的環境溫度的數據

從 Sensor 偵測環境溫度後傳遞到 Arduino 做訊號處理，再藉由 Socket 由 Server 端推播傳到前端頁面上，讓我們更容易讀取資料。此外，只要設定好路由 (Router) 手機在同一個網段之下，也可以看到偵測的資訊喔！

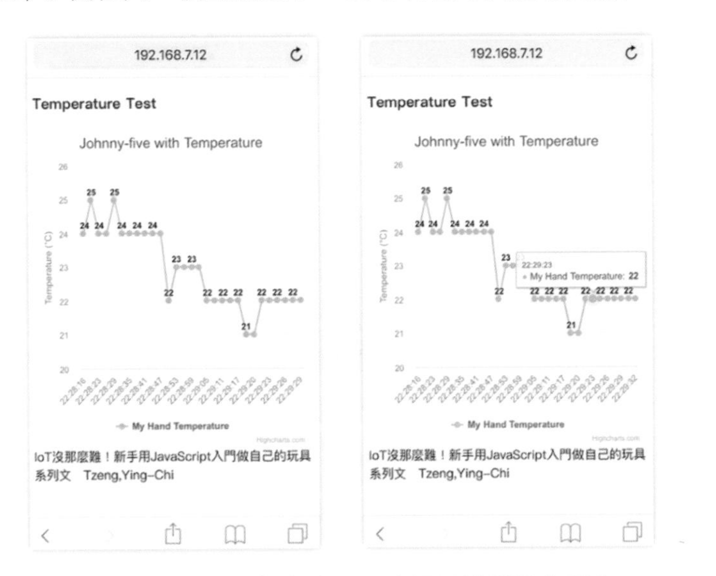


手機若在同一個網段之下，也可以看到圖表喔！

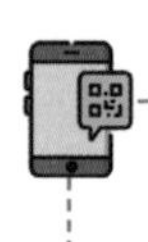

◆ 掃描 QR Code 看 ◆
「Thermometer Chart Demo」

# 聖光啊！你看見那個鐵人了嗎！_光敏電阻（Photoresistor）

~~本魯宅筆者絕對不會說我玩過暗黑 3 (´ΛωΛ`)~~

進入新的章節了，Sensor 篇第二彈！這次要介紹的是光敏電阻。(๑•̀ω•́)ノ

## 光敏電阻（Photoresistor）介紹

光敏電阻是一種利用**「光電導效應」使電阻值變化的特殊電阻**。

其電阻值的變化和**入射光的強弱**有直接關係，當光照的強度增加，則電阻減小；反之，光照的強度減小，則電阻增大。

**光敏電阻的工作原理**

在光敏電阻內有處於穩定狀態的電子，當有光線照射時**穩定狀態的電子受到激發而成為自由電子，自由電子愈多電阻就會越小**。

〈 圖為光敏電阻 〉

維基百科－光敏電阻：https://w.wiki/9NQ

## 光敏電阻電路方面

由於光的強弱也是連續的類比訊號，所以我們要把**光敏電阻的 pin 腳接到 Arduino 的類比輸入腳 (Analog In)**。

**但這邊要注意的是！一定要加上限流電阻！(ಠ益ಠ)**

~~（就跟感冒一定 ipad 溫開水一樣（冷 ....）~~

因為光敏電阻也是電阻的一種，當光照越強，它的電阻也會越小；依照歐姆定律來說，電阻也會越小，表示流過的電流就會越大，所以在使用光敏電阻做專案時，需要加上一顆限流電阻，避免電流過大導致 Arduino 板子燒毀。

**還是聽了霧煞煞⋯什麼意思呢？**

這邊要先提到一個大家都知道的公式，「**歐姆定律（Ohm's law）**」：

> V = I × R
> 當電壓不變時，電流和電阻成反比；
> 電阻越小，電流愈大

用生活化一點的角度來說明，假設：

- 水管是電壓（V）
- 水龍頭是電阻（R）
- 水是電流（I）
- 洗臉盆是 Arduino 的 IC

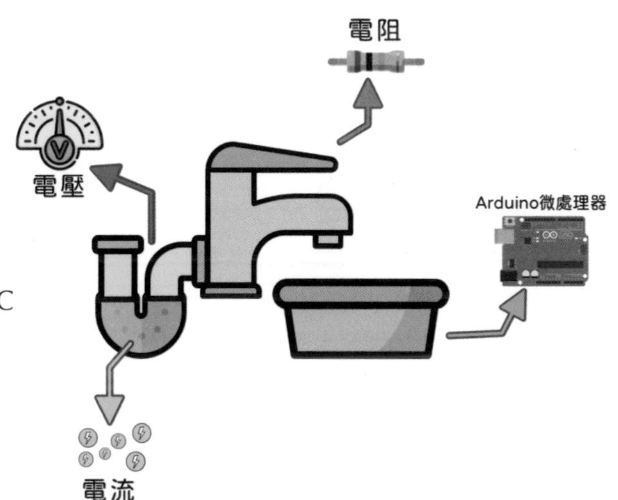

水管的大小不會變 ( 沒看過水管管徑會忽大忽小吧 XD)，**水龍頭提供阻力決定水流量的大小，水龍頭開越大代表阻力越小，水流出來的量越多。**

假設你突然把**水龍頭全開，這時沒有水龍頭控制水量，水一定會用噴的流出來！當洗臉盆裝滿水承受不住那麼大的水量時，水就會溢出來淹的到處都是…**

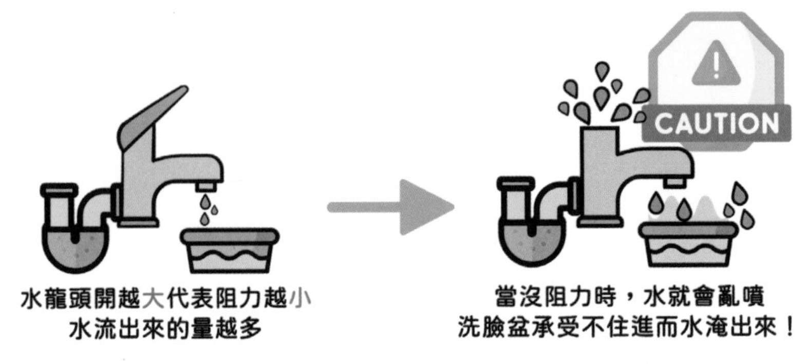


當電流量太大，造成Arduino的損壞

在電子電路上也是一樣，**電阻變小電流就會上升，如果 IC 負載不了就會燒毀；而限流電阻的角色就像是在水龍頭上加裝節水開關，當開多大的水都會限制一定的水流量。**

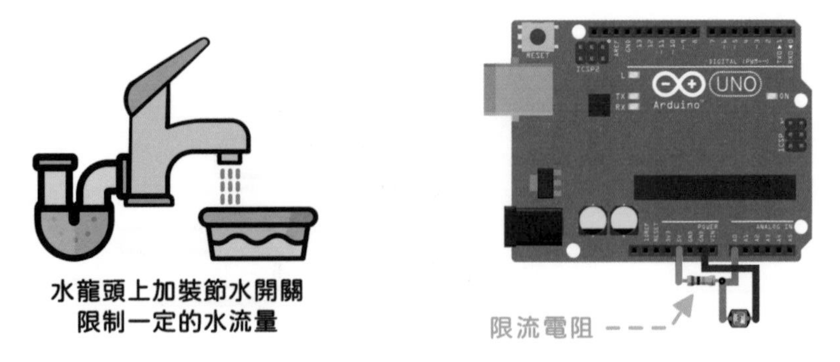


限流電阻的角色，限制一定的電流量，讓Arduino不被燒毀

所以我們必須在使用光敏電阻開發前加上一顆限流電阻的原因就是這樣啦～希望這樣講解讓大家比較能了解一點 ヽ(・ ×・ ´)ゝ

## 科學驗證！直接手算給你看！

- V = 電壓、I = 電流、R = 電阻
- 假設電壓固定 5V
- 假設初始電阻值 R = 330Ω

> **則初始狀態：**
> I = 5V/330Ω → I = 0.015A ( 安培 ) → I = 15mA ( 毫安培 )

＊ 結果：

初始狀態的電流是 15mA ( 毫安培 )

> **=> 當光照變強，電阻值變小，假設光敏電阻阻值降為** 100Ω 則：
> I = 5/100Ω → I = 0.050A ( 安培 ) → I = 50mA ( 毫安培 )

＊ 結果：

被強光照射下的光敏電阻的電流升高為 50mA( 毫安培 )

> 引用網誌－「十種錯誤操作而毀壞 Arduino 的方式」寫到：
> 連結：http://lunglungdesign.blogspot.com/2012/11/arduino.html
>
> Method #1：
> 將任一個 I/O Pins 與 GND 連接形成短路（Shorting I/O Pins to Ground）
>
> 每個針腳的最大絕對電流值為 40mA，每個針腳內部電阻的電阻值只有 25 歐姆，一個短路的 I/O 腳會有高達 200mA 的電流流過，這些電流遠遠超過微控制器可忍受的額定值，並足以銷毀微控制器的針腳。

故由剛剛手算的結果來看，**當光敏電阻阻值變小趨近於 0 時，其實對 Arduino 的晶片是有燒毀的風險在的！所以我們會加一顆限流電阻來確保電阻值在一定的範圍內，而不會過低。**(๑•̀ㅂ•́)و✧

介紹完後，我們開始來實作吧～ヽ(･ ×･ ´)ゞ

## 實作應用－光敏電阻的光度量測

### 這邊需要準備的材料有

－硬體的部分－

- Arduino UNO ＊ 1 片
- USB Type B 線材 ＊ 1 條
- 光敏電阻 ＊ 1 個
- 電阻 10KΩ（電阻色碼：棕黑橙金） ＊ 1 個
- 杜邦線 ＊ N 條

### 電路接線圖

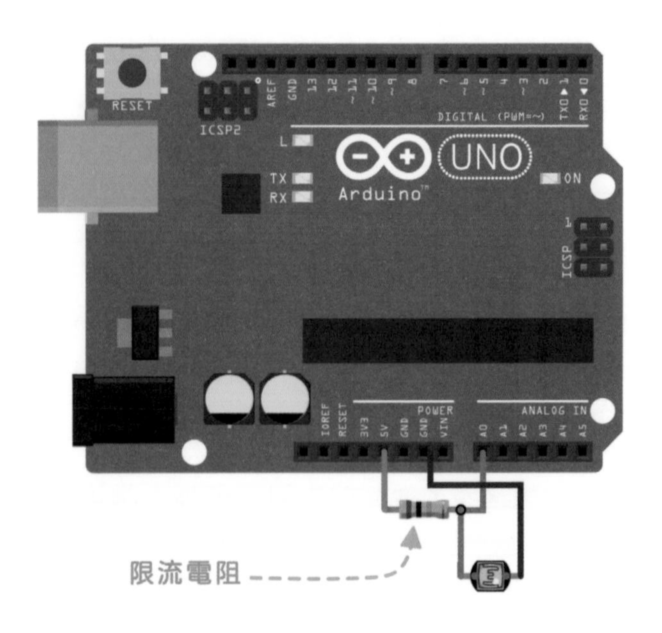

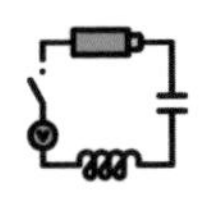

## 電子電路圖

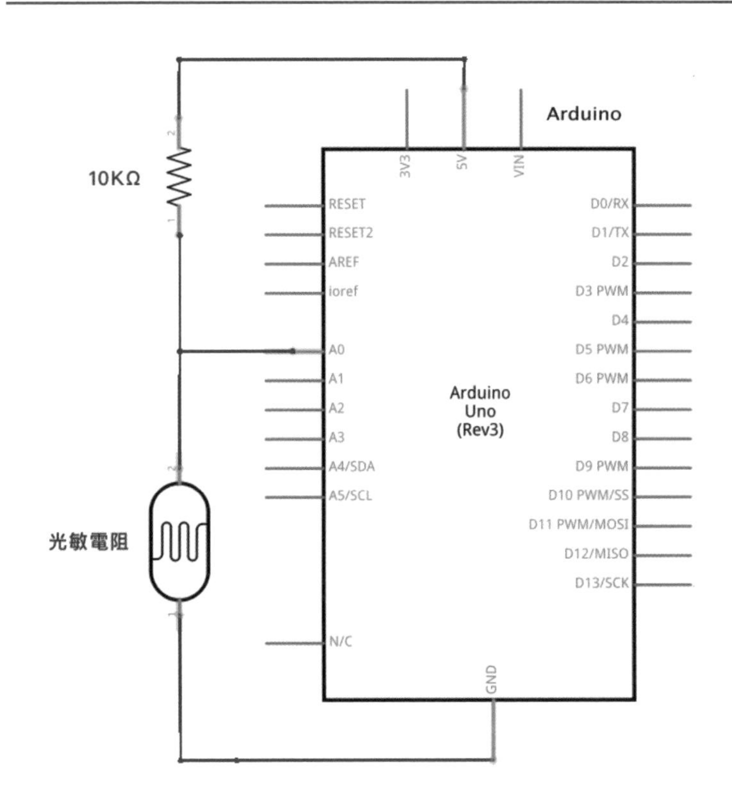


# Johnny-Five 上的 Sensor API

> Johnny Five － Sensor API：
> http://johnny-five.io/api/sensor/

使用 Johnny-Five 的 Sensor 元件 API 即代表告訴 Arduino 宣告「有 Sensor 接到實體的開發板上」；除此之外，多種類比感測器 (analog sensor) 與此 Sensor API 通用，包括：

- 線性電阻 又稱 滑動式電位器（Linear Potentiometer）

- 可變電阻（Rotary Potentiometer）
- 彎曲感測器（Flex Sensitive Resistor）
- 壓力感測器（Pressure Sensitive Resistor）
- 霍爾感測器（Hall Sensor）
- 當然還有我們的光敏電阻（Photoresistor）

…etc.

§ 與 Sensor API 通用的類比感測器列表 §

- Johnny-Five sensor-example
  http://johnny-five.io/api/sensor/#examples

## 來 Coding 吧！程式碼如下 (ง๑ •̀_•́)ง

【photoresistor/photoresistor.js】

```
1 var five = require('johnny-five');
2 var board = new five.Board();
3
4 board.on('ready', function() {
5   // new 一個 Johnny-Five Sensor 物件，宣告為
  photoresistor
6   photoresistor = new five.Sensor({
7     pin: 'A0',
8     freq: 500,
9   });
10
11   photoresistor.on('data', function() {
12     // 讀取光敏電阻的值
13     console.log(this.value);
14   });
15 });
```

這是一個簡單的 Sensor API 程式用法，此程式目的就是用宣告有一個 Sensor 物件腳 pin 連接到 Arduino 的類比針腳「A0 腳」，且 0.5 秒取一次 Sensor 所感測到的數值；當然在此範例中連接的 Sensor 就是**光敏電阻**，事件我們一樣用 `data` 事件，0.5 秒取一次光敏電阻接受到的光度值。

## 測試看看吧！(ง๑ •̀_•́)ง

PS：此範例限流電阻使用 110Ω

當光照強時，光敏電阻的感測數值就會偏低；反之，當光照弱時，光敏電阻的感測數值就會偏高。

**我們設定 0.5 秒偵測一次數值：**

- 一開始的環境光數值大概在 700 ~ 800 之間。

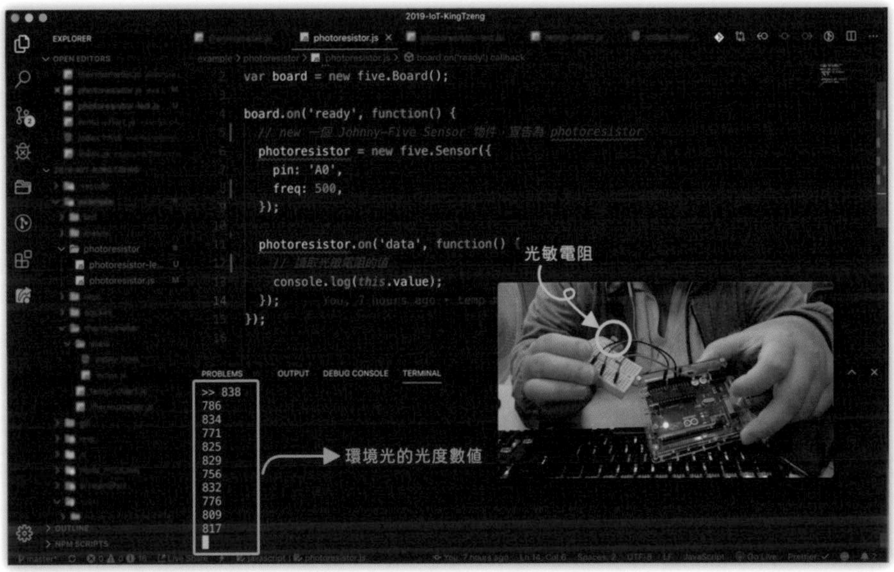

```
var board = new five.Board();

board.on('ready', function() {
  // new 一個 Johnny-Five Sensor 物件，宣告為 photoresistor
  photoresistor = new five.Sensor({
    pin: 'A0',
    freq: 500,
  });

  photoresistor.on('data', function() {
    // 讀取光敏電阻的值
    console.log(this.value);
  });
});
```

```
>> 838
786
834
771
825
829
756
832
776
809
817
```

光敏電阻

環境光的光度數值

- 遮住光敏電阻後阻斷光線，感測器回傳數值標高到約莫 900 上下多。

- 光敏電阻接收強光後數值降到 300 ～ 400 之間。

看到光敏電阻輸出的數值之後，好像可以做一些好玩的東西…
下個篇章我們來就來做一些好玩的玩具吧！請讀者繼續看下去～
嘿嘿嘿～(´ㅍ ◞౪◟ ㅍ)

# 飛吧！喵星超人！光敏電阻－小遊戲應用篇

看到光敏電阻的輸出數值後，突然覺得好像可以做更有(ㄡˊ)趣(ㄩㄥˋ)的東西！ღ(¨ờ ε ờ¨)ა

## Flappy iT-Cat[註]

註：因為在 iT 邦幫忙鐵人賽文章中，筆者使用的素材是 iT 邦所有的「熊俠」吉祥物，為了免於版權爭議，故筆者在此書裡使用自己做的素材來解說，如果讀者看到 iT 邦上的文章和此書圖片不同，不影響技術上的解說，在此說明。^_^

可以先掃描 QR Code 看看要做的小遊戲樣子，
做出來有莫名的成就感，現在就跟著我一起浪費才能吧～ヽ(・×・´)ゞ

◆ 掃描 QR Code 看 ◆
「光敏電阻的小遊戲」

上篇介紹完基本的光敏電阻應用，筆者突然靈光一閃 (✪ω✪)

**如果運用光敏電阻的連續數值，應該可以做的像“Flappy Bird”一樣的遊戲吧！**

## 怎麼做？想法是這樣的～

《Flappy Bird》是一款 2013 年鳥飛類遊戲，當點擊時螢幕時，遊戲中的小鳥就會做飛升一次，沒有點擊螢幕時小鳥就會墜地亦或者撞倒水管而結束遊戲；詳細的玩法可以看維基百科的說明，這邊就不再贅述了。

**當點擊時螢幕時，遊戲中的小鳥就會做飛升一次**

> 維基百科－ Flappy Bird：
> https://zh.wikipedia.org/wiki/Flappy_Bird

那麼，我們要怎樣模仿「Flappy Bird」呢？

筆者的想法是這樣的，我們用“喵星超人”學習 Flappy Bird 的動作機制；

Flappy Bird 是點擊螢幕飛升一下，我們是”喵星超人”是**當光照一下才會飛一下，如果沒有光照的情況下就飛不起來了！**

知道要怎麼遊戲後，來設計場景舞台，做遊戲最重要的就是~~精美的~~素材了！介紹一下登場的素材有：

- **舞台背景**~~（背景是筆者家的狗狗～）~~：

- 舞台前景：

- 遊戲主角－喵星超人~~（沒錯！這也是筆者家的喵咪～）~~：

## 先從網頁解構來看 (๑•̀ㅂ•́)و✧

現在我們有前景 - 草、喵星超人、舞台背景，就可以做出喵星超人從草叢飛起來的視差假象，利用 CSS 的 Z 軸順序，依序把場景物件給定位好。

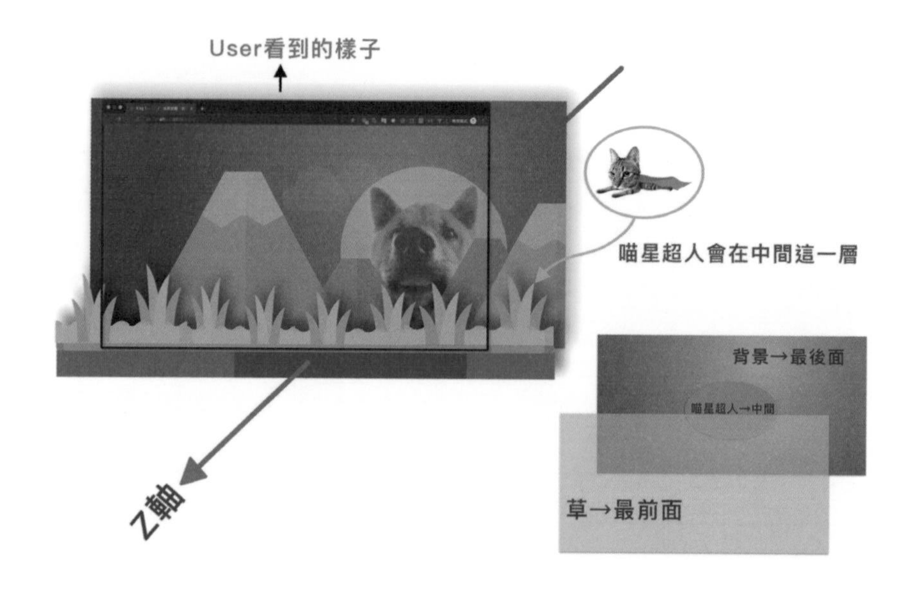

- 快速的切好後，網頁長這樣子↓

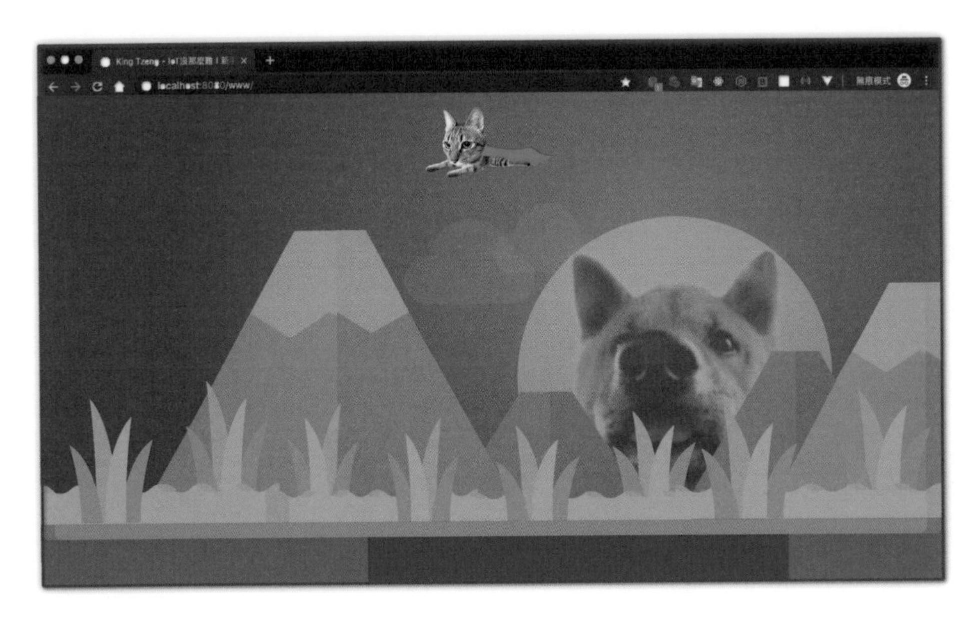


接下來要進入程式啦～(๑•̀ㅂ•́)و✧

## 來 Coding 吧！程式碼如下 (ง๑ •̀_•́)ง

### 後端部分－ JavaScript

在後端部分我們取光敏電阻的數值加上用 Socket 傳給前端接收，**唯一要改的是偵測的頻率可以改快一點**，筆者這邊就設 0.25 秒輸出一次數值，因為數值快速的變化，在喵星超人的上下動作部分也會比較流暢一點；

而光敏電阻輸出的數值由 Socket 傳遞給前端，前端程式部分在用 jQuery 的 `.css()` 方法來更改 CSS 的樣式，讓喵星超人可以上上下下的動作。

```
 1 var io = require('socket.io');
 2 var express = require('express');
 3 var five = require('johnny-five');
 4
 5 var board = new five.Board();
 6 var app = express();
 7
 8 app.use(express.static('www'));
 9 var server = app.listen(3000, function() {
10   console.log('connected!');
11 });
12
13 var sio = io(server);
14
15 board.on('ready', function() {
16   photoresistor = new five.Sensor({
17     pin: 'A0',
18     freq: 250, // 改成0.25秒輸出一次數值
19   });
20
21   sio.on('connection', function(socket) {
22     photoresistor.on('data', function() {
23       // 取得數值
24       pVal = this.value;
25
26       // 透過socket傳給Clinet端(前端)
27       socket.emit('startData', {
28         pVal: pVal,
29       });
30     });
31   });
32 });
```

先說讓喵星超人看起來像飛起來的關鍵是 CSS 的 `position` 定位，但先了解一下 HTML 的架構。

## 前端部分－HTML

【photoresistor/www/index.html】

```
 1 <body>
 2   <div class="bg">
 3     <div class="top"></div>
 4     <div class="cat">
 5       <img src="img/super-cat.png" alt="" />
 6     </div>
 7     <div class="footer">
 8       <img src="img/footerbg.png" alt="" />
 9     </div>
10   </div>
11 </body>
```

最外層的 <div class="bg"> 為父層，相對定位 position:relative; 在網頁的左上角 {top:0; left:0;} 的地方；

```
 1 <div class="bg">
 2 <!-- 先設定好絕對定位 position:relative; 讓喵星超人之後
   以相對定位來使用-->
 3     <div class="top"></div>
 4     <div class="cat">
 5         <img src="img/super-cat.png" alt="" />
 6     </div>
 7     <div class="footer">
 8         <img src="img/footerbg.png" alt="" />
 9     </div>
10 </div>
```

再由子層 <div> → class="top"、class="cat"、class="footer" 絕對定位 position: absolute; 在父層 <div class="bg"> 上。

```
1 <!-- 定位點依附著 <div class="bg"> -->
2 <div class="top"></div>
3 <div class="cat">
4     <img src="img/super-cat.png" alt="" />
5 </div>
6 <div class="footer">
7     <img src="img/footerbg.png" alt="" />
8 </div>
```

## 前端部分－ CSS Style

【www/index.css】

```
 1 .bg {
 2   position: relative;
 3   width: 100vw;
 4   height: 100%;
 5   top: 0;
 6   left: 0;
 7 }
 8 .top {
 9   position: absolute;
10   width: 100%;
11   height: 100vh;
12   top: 0;
13   left: 0;
14   background: url('img/background.jpg');
15   background-repeat: no-repeat;
16   background-origin: border-box;
17   background-position: center;
18   background-size: cover;
19 }
20 .bear {
21   position: absolute;
22   width: 100px;
23   height: auto;
24   /* top: 0; */
25   left: 50%;
```

```
26   transition-duration: 0.5s;
27 }
28 .footer {
29   position: absolute;
30   width: 100vw;
31   height: auto;
32   top: 70%;
33   left: 0%;
34 }
```

把 top、cat、footer 依照相對位置 position: absolute; 定位後，喵星超人要上下動像超人一樣飛行，**我們利用改變 CSS 的 top 數值讓喵星超人上下動作，也就是改變喵星超人的 Y 軸定位**。

**但這邊還有一個小問題，怎麼看起來喵星超人飛的頓頓的呢？ (˘·з·)**

這是另外一個關鍵點啦！

**CSS 有一個屬性叫 transition-duration －「轉場動畫時間」**

> MDN CSS － transition-duration：
> https://developer.mozilla.org/zh-TW/docs/Web/CSS/transition-duration

改變喵星超人的 top 數值時，沒有設定轉場延遲看起來畫面會鈍鈍的…
藉由**設定 transition-duration 的時間來延遲轉場動畫**，這樣動作看起來就會比較順暢了。

**解決完喵星超人的飛行動作後，做到這邊也差不多半成品啦～**
**接下來是前端 JavaScript 的部分，撐下去！ GO ！ GO ！ (ง๑ •̀_•́)ง**

## 前端部分－ JavaScript

```
 1 var socket = io.connect();
 2
 3 socket.on('startData', function(data) {
 4   // 當socket開始連線時，接收資料
 5   tempData = data.pVal;
 6   // 把接收到的值變成百分比
 7   topPosition = tempData / 10;
 8   // 有時候數值會超過100，可處理可不處理
 9   if (topPosition >= 100) {
10     topPosition = 100;
11   }
12   // 調用jQuery的.css()函式來改變喵星超人的垂直定位
13   $('.cat').css('top', '' + topPosition + '%');
14 });
```

程式碼比 CSS 還要簡單…~~QQ（被打~~

現在我們把光敏電阻的數值當成喵星超人的 CSS top 定位數值，隨著光照的強度而改變數值，喵星超人的 top 定位點也會跟著改變，就能隨之呈現 flappy bird 的動作啦～ヽ(・ ×・ ´)ﾉ

根據上篇的光敏電阻實做結果，**已知光敏電阻的數值大約在 1000 ～ 100 之間，前端接收到的數值除上 10 轉換成百分比即可。**

```
1   // 原始數值
2   tempData = data.pVal;
3   // 把接收到的值變成百分比
4   topPosition = tempData / 10;
5   // 有時候數值會超過100，可處理可不處理
6   if (topPosition >= 100) {
7     topPosition = 100;
8   }
```

**最後一步了～(ง๑ •̀_•́)ง**

為了讓喵星超人固定出現在視窗裡飛，且動的幅度大一點，**CSS 的 top 數值單位採用百分比單位「%」，百分比是彈性的數值，會因為視窗的大小而計算改變**，剛好符合我們的需求。

最後只要用 jQuery 的 `.css()` 方法，當接收到數值資料時，呼叫改變喵星超人的垂直定位數值就可以囉！(๑•̀ㅂ•́)و✧

```
1 //第一個參數填CSS屬性名稱(propertyName)，第二個參數填上數
  值(value)
2 $('.bear').css('top', '' + topPosition + '%');
```

> jQuery - `.css()`：
> https://api.jquery.com/css/#css-propertyName-value

## 測試看看吧！(ง๑ •̀_•́)ง

一樣用 node 啟動專案 Socket 連結後，剛開始喵星超人會在頁面中最下面被舞台前景的草地遮住；拿手電筒照光敏電阻後，光敏電阻因為感測到光線的變化而觸發事件，前端接收到感測器偵測到的數值，經由前端 JS 程式的處理下 CSS 的 Top 的百分比數值也隨之變小，**光照越強代表 CSS 的 Top 值越小即喵星超人就會在網頁上越高處；反之，若無光照時 CSS 的 Top 值越大，喵星超人就會在網頁上的最低處**，這樣就達成我們的小遊戲應用啦～ ＼(・ ×・ ´)ゞ

## 寫完了然後呢？

讀者若有空可以繼續寫 JavaScript 下去，讓喵星超人的 IoT 遊戲像「flappy bird」遊戲一樣碰到水管就 Game Over 的練習，我們可以把水管換成別的障礙物件，那就更好玩了～

**想像力就是你的超能力 ᕙ(⸝⸝ ర ူ ర ⸝⸝)ᕗ**

~~筆者心中有個大膽的想法~~，可以製作各種 Sersor 的闖關遊戲串連在一起，利用 Socket 讓多名 User 連線一起玩抽 Sensor 闖不同的關卡，是不是一種商機呢？

~~前端工程師的生活，往往就是這麼樸實無華且枯燥～然後做出一些無用的東西…~~
想玩玩的朋友可以試著練習看看囉～說不定發明出什麼好玩的東西來，下一代發明家就是你了！(๑•̀ㅂ•́)و✧

# 一個 MOVE ！就 Hold 住你的動作 _ 人體感測器（PIR Sensor）

## 人體感測器（PIR Sensor）介紹

Sensor 篇第三彈！要介紹的是：

PIR Sensor - Passive Infrared Sensor「無源紅外線感測器」

世面上有個通俗的名字叫－「人體感測器」，但其實它不只可以感測人體，還可以感測動物，所以本魯宅筆者覺得它叫「動作感測器」會比較好啦…(ˊ•_•ˋ)？

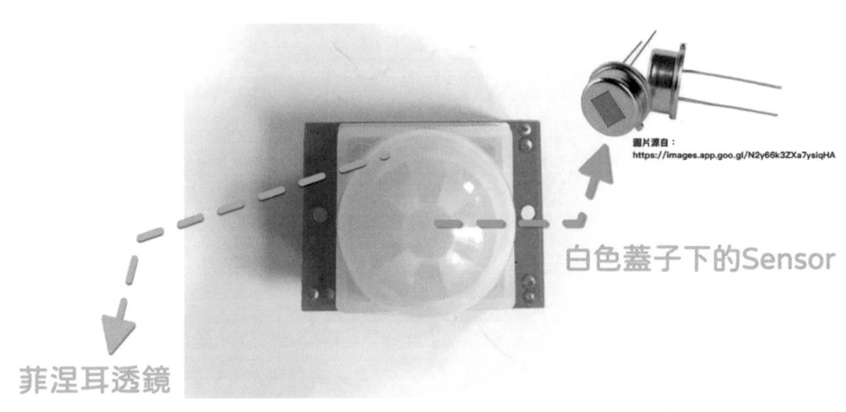


〈筆者的 PIR Sensor〉

而 PIR Sensor 模組為「**熱釋電傳感器（Pyroelectric sensor）**」和「**菲涅耳透鏡（Frenzel Lens）**」所組成，可以看到圖中白色的鏡頭蓋就是菲涅耳透鏡（Frenzel Lens），而透鏡裡頭 Sensor 就是熱釋電傳感器（Pyroelectric sensor）。

## PIR Sensor 工作原理

世界上所有的物體都會發出熱能又稱「遠紅外線－ (Far Infrared，縮寫 FIR)」，**遠紅外線為不可見光，當中生物體可以以「熱」的形式感受存在**。

因為人或動物（下簡稱目標物）都會發出熱能，當目標物進入傳感器範圍，所發出的**熱能會以紅外線的形式散發出來，傳感器檢測到熱能與環境的溫度差，便開始輸出電位訊號，檢測目標物是否有運動的事件發生**。

## 有源傳感器？無源傳感器？

**~~斯斯有兩種~~，傳感器也有分兩種～**

PIR 的全名為「Passive infrared sensor」，其中 passive 術語名稱叫「無源」又有被動的意思；

從工作原理來看，**有源傳感器自身會輸出能量來檢測被測對象，無源傳感器則不會發出任何的能量，靠的是透過接收被測物發出的能量來檢測；**

PIR Sensor 就是透過接收人、動物發出來的熱能，因此「passive」便是這個意思。

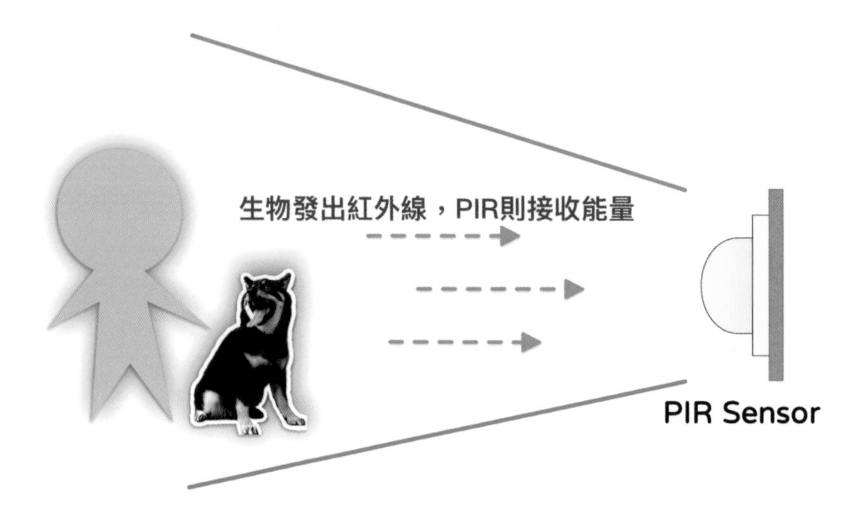


## PIR Sensor 模組的結構解析

**＊ 模組上的圓形塑膠蓋－「菲涅耳透鏡」**

可以觀察模組上有一個白色的圓形塑膠物，那個是「菲涅耳透鏡」**主要用來將外在的紅外線信號聚焦到熱釋電傳感器。**

**＊ 模組上的可變電阻**

PIR Sensor 模組有兩個可變電阻，一個用來調整傳感器的靈敏度 (Sensitivity)，**靈敏度則和觸發的距離有關係**，另外一個可變電阻用來調整延時時間 (Delay time)，**延時時間則和觸發模式有關係**。

## ＊ PIR 模組的兩種觸發模式

### repeatable mode 可重複觸發模式：

Sensor 觸發輸出 high 訊號後，在延時時間內如果有目標物在感應範圍內活動，會一直保持 high 訊號直到目標物動作停止 Sensor 不再觸發，開始再算一次延時時間，延時時間結束訊號才會從 high 到 low。

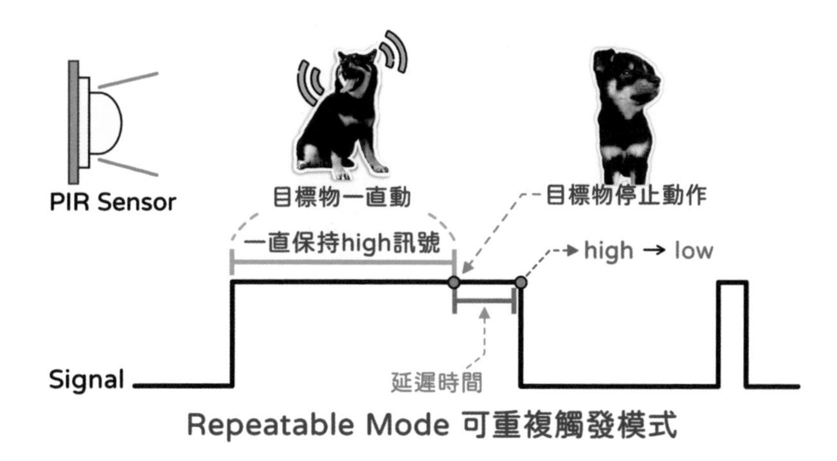


Repeatable Mode 可重複觸發模式

### non-repeatable-mode 不可重複觸發模式：

即感應輸出 high 訊號後會持續一段時間，這段期間內不會有進行任何偵測觸發的動作，時間結束後訊號自動從 high 到 low。

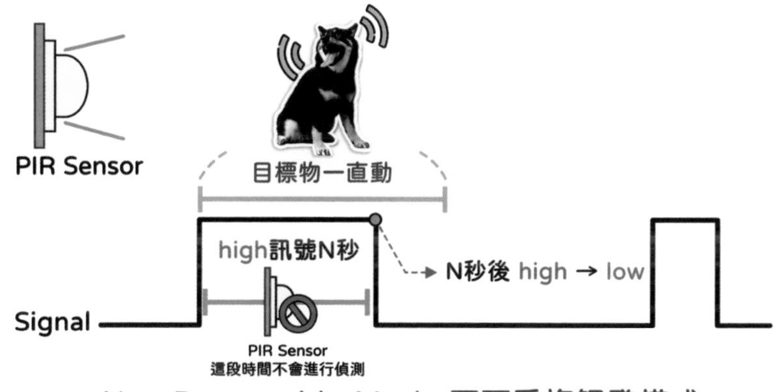


Non Repeatable Mode 不可重複觸發模式

PIR Sensor 的模組旁邊有 Pin 腳，此 Pin 腳就是選擇觸發的模式，我們可以用跳線（Jumper）的方式讓其短路來選擇觸發模式。

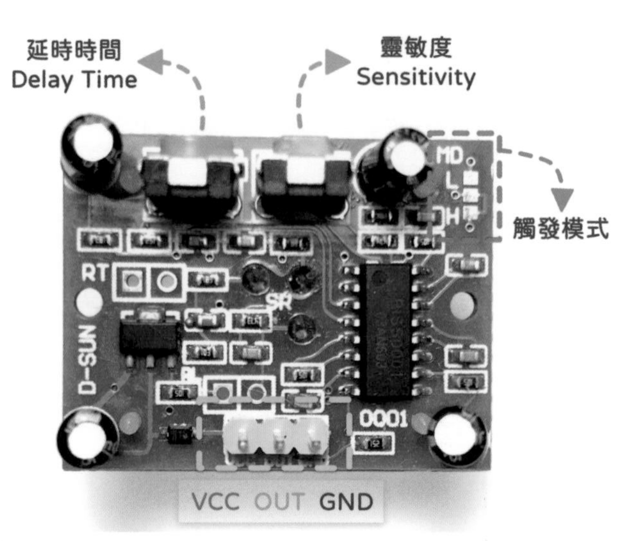


〈 筆者的 PIR Sensor 模組觸發模組處沒有焊接排針，請見諒… 〉

§ PIR Sensor 的相關連結 §

- Youtube - How PIR Sensor Works and How To Use It with Arduino
  https://youtu.be/6Fdrr_1guok
- 維基百科 -Passive infrared sensor
  https://en.wikipedia.org/wiki/Passive_infrared_sensor
- 百度知道 - 如何區分有源和無源傳感器
  https://zhidao.baidu.com/question/1694423942598832388.html
- 熱釋電傳感器究竟是一種什麼東西，怎麼那麼神奇？
  https://kknews.cc/tech/3vrx33.html
- 何謂遠紅外線？
  http://www.far-infrared.info/subject/FarInfraRayKnowledge.aspx?item=41
- 維基百科 - 菲涅耳透鏡
  https://w.wiki/9Xe

解釋完 PIR Sensor 小小的身軀卻有大大的原理後，我們來看看實作應用吧！

## 實作應用－ PIR 的動作感測

### 這邊需要準備的材料有

－硬體的部分－

- Arduino UNO ＊ 1 片
- USB Type B 線材 ＊ 1 條
- PIR Sensor ＊ 1 條
- 杜邦線 ＊ N 條

### 電路接線圖

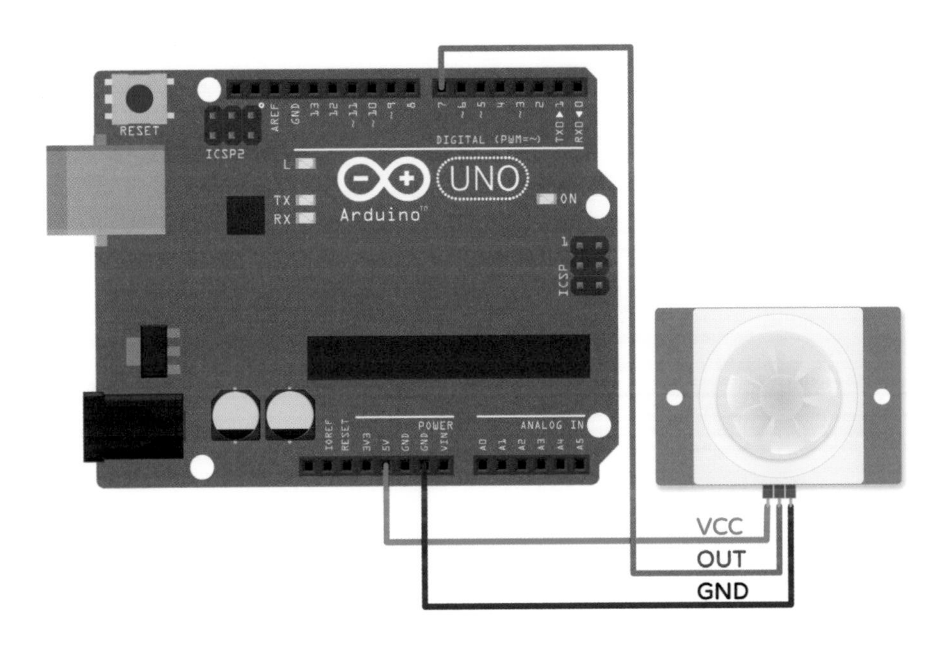

由於已經模組化，接線部分就只有 3 隻 Pin 腳分別是 VCC、Output、GND，而 PIR Sensor 的輸出腳選擇**數位接腳**即可。

## Johnny-Five 上的 Motion API

> Johnny Five － Motion API：
> http://johnny-five.io/api/motion/

要使用 PIR Sensor 的話，需要呼叫 Johnny-Five 的 `Motion` 物件，物件屬性 `pin` 填寫連接 Arduino 的數位輸入腳，物件屬性 `controller` 如果使用特殊型號的 Sensor，則填寫感測器清單表 (Controller Alias Table) 相對應的字串。

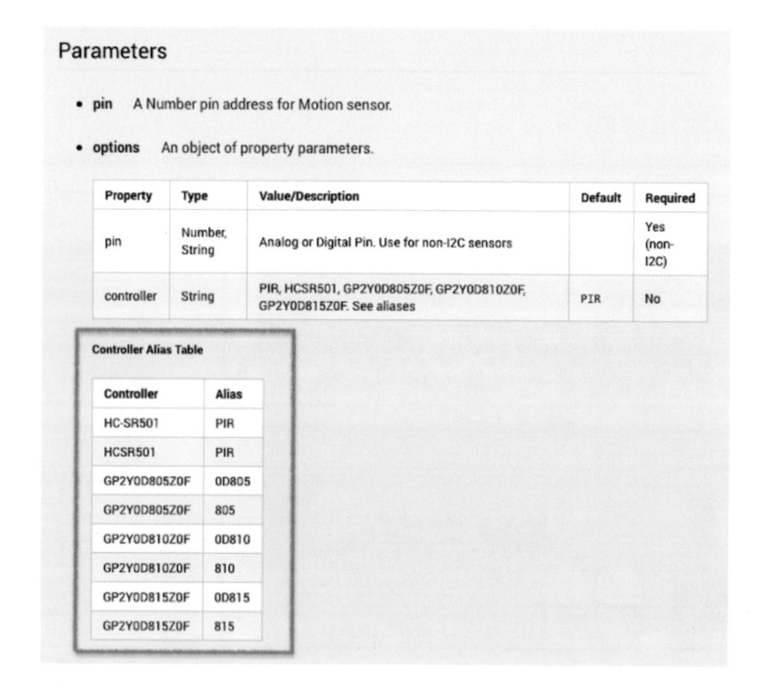

Parameters

- **pin** A Number pin address for Motion sensor.
- **options** An object of property parameters.

| Property | Type | Value/Description | Default | Required |
|---|---|---|---|---|
| pin | Number, String | Analog or Digital Pin. Use for non-I2C sensors | | Yes (non-I2C) |
| controller | String | PIR, HCSR501, GP2Y0D805Z0F, GP2Y0D810Z0F, GP2Y0D815Z0F. See aliases | PIR | No |

Controller Alias Table

| Controller | Alias |
|---|---|
| HC-SR501 | PIR |
| HCSR501 | PIR |
| GP2Y0D805Z0F | 0D805 |
| GP2Y0D805Z0F | 805 |
| GP2Y0D810Z0F | 0D810 |
| GP2Y0D810Z0F | 810 |
| GP2Y0D815Z0F | 0D815 |
| GP2Y0D815Z0F | 815 |

Johnny-Five 的 Motion 物件，屬性若只有 pin 腳的話則也可以簡寫成：

```
1 new five.Motion(7);
```

## Motion API － Events 事件

> Johnny-Five Motion Events：
> http://johnny-five.io/api/motion/#events

事件除了有介紹過的 change 和 data，PIR Sensor 還多了：

- calibrated

  校準事件；當傳感器準備好在可觀察範圍內檢測運動時，將觸發 calibrated 事件。

- motionstart

  運動開始事件；當在可觀察範圍內目標物發生運動時，觸發 motionstart 事件。

- motionend

  停止運動事件；當在可觀察範圍內目標物停止運動時，觸發 motionend 事件。

### 來 Coding 吧！程式碼如下 (ง๑ •̀_•́)ง

```
1 var five = require('johnny-five');
2 var board = new five.Board();
3
4 board.on('ready', function() {
5   // Create a new `motion` hardware instance.
6   var motion = new five.Motion({
7     pin: '7',
8     freq: 250,
9   });
10
11   // 開始時Sensor會處於校準狀態，最一開始的偵測到動作即觸發
  calibrated事件
12   // calibrated 事件只會發生一次。
13   motion.on('calibrated', function() {
```

```
14     console.log('calibrated');
15   });
16
17   // 在calibrated 事件結束後，
18   // 當在可觀察範圍內目標物發生運動時，觸發`motionstart`事
   件。
19   motion.on('motionstart', function() {
20     console.log('motionstart');
21   });
22
23   // 如果若干X毫秒內未發生移動時，
24   // 將在`motionstart`事件之後觸發`motionend`事件
25   motion.on('motionend', function() {
26     console.log('motionend');
27   });
28 });
```

這邊要注意的是 `calibrated` 事件，當程式執行 board on ready 後，傳感器會處於校準狀態；**主要因為熱釋電傳感器物理性特徵的關係，因為傳感器需要幾秒的時間來預熱，才能開始感測接收目標物散發出的紅外線。**

## PIR Sensor 完整的一個觸發事件生命週期

當 board on ready 初始化後會觸發 `calibrated` 事件，直到觸發 `motionstart` 事件後，`calibrated` 事件就不會再觸發了。

board on ready 初始化 → 觸發 calibrated 事件 → 當有目標物出現時觸發 motionstart 事件 → 經過一段時間後 → 觸發 motionend 事件 → 結束回到偵測狀態。

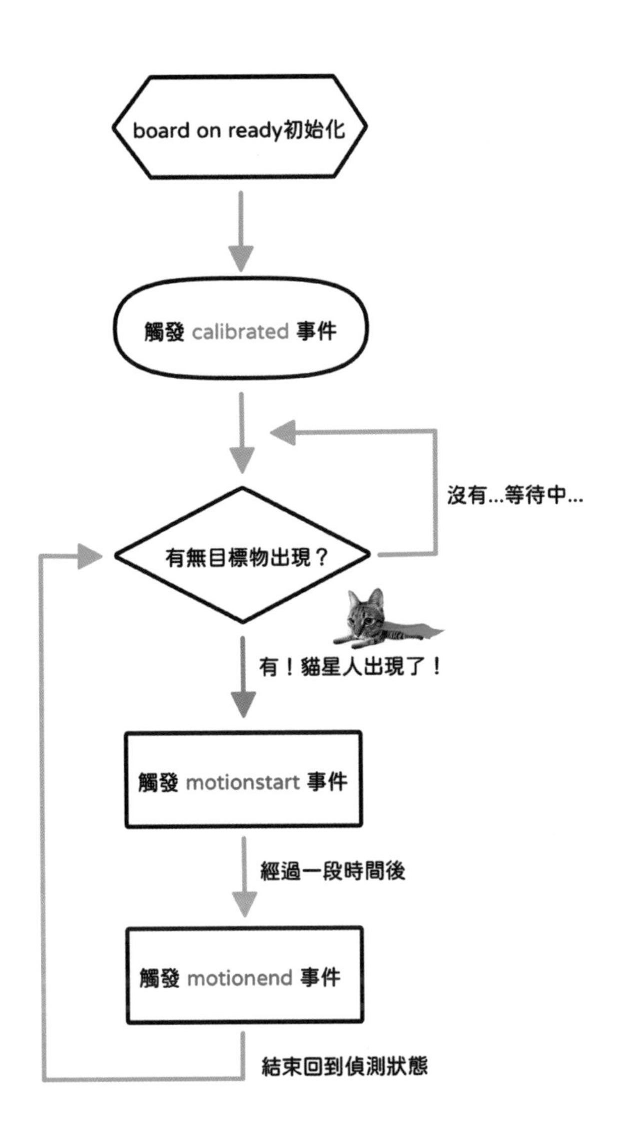


## Motion API － Event 回傳物件

另外 Johnny-Five Motion API 觸發 Events 事件後，會回傳動作時間戳 (timestamp)、偵測動作狀態 (detectedMotion)、是否校準 (isCalibrated) 的資料並產生 JSON 格式的資料提供給開發者查看。

```
 1 {
 2   // 偵測到動作的時間戳
 3   timestamp: 1570416994150,
 4
 5   // 偵測動作狀態，若有動作則返回布林值'true', 反則返回布林
   值'false'
 6   detectedMotion: true,
 7
 8   // 是否校準，已校準則返回布林值'true', 反則返回布林
   值'false'
 9   isCalibrated: true
10 }
```

## 處理精度為毫秒的時間戳－ timestamp

剛剛提到 Motion API 觸發 Events 事件後，會回傳 JSON 格式的資料回來，其中「timestamp」又屬特別，**它回傳回來的是 "13 位數[註] 的時間戳"**，時間**精度值是「毫秒」**，並不是我們常用的「秒」。

註：13 位數的時間戳精度為「毫秒」，10 位數的時間戳精度則是「秒」。

但 JavaScript 處理的是 10 位數的時間戳，要怎麼辦呢？

用 JavaScript 的字串處理 **substr** 函式，截取從 0 ～ 10 的字元就好！

```
1 // 返回一個從指定位置開始的指定長度的子字串
2 String.substr(指定開始位置,截取長度);
```

MDN - String.prototype.substr()：
https://developer.mozilla.org/en-US/docs/Web/JavaScript/Reference/Global_Objects/String/substr

但這邊又要注意了！

因為 Johnny-Five 回傳的 timestamp 物件型別是 Number 而不是 String，直接用 substr() 函式擷取字元的話，會因為型別不對而報錯！

```
1 motion.on('motionstart', function(data) {
2   timestamp = data.timestamp;
3   console.log(typeof timestamp); // Number
4 });
```

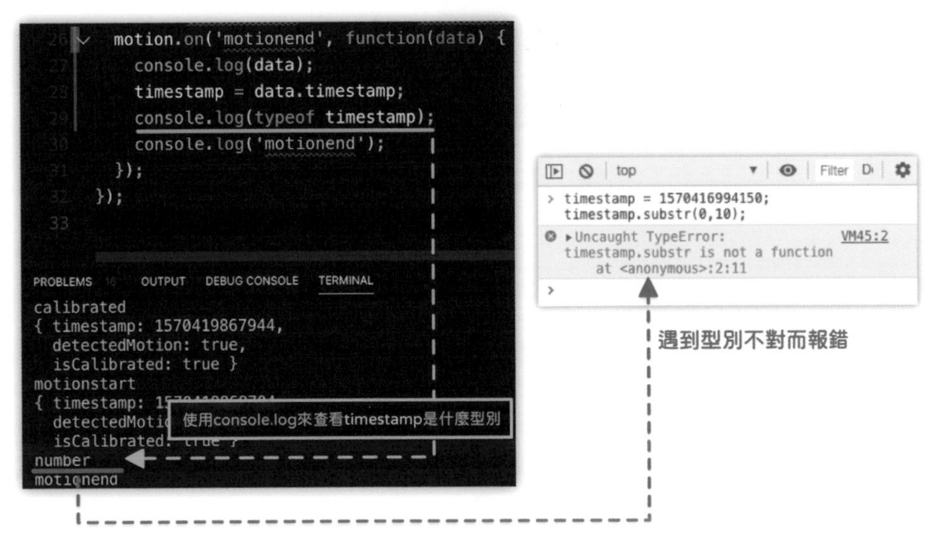


〈timestamp 型別是 Number〉

**轉型－從數字轉成字串**

故我們要把 Johnny-Five 吐出的時間戳轉為字串型別（String），再用 substr() 截取時間戳字串，這樣就可以取出時間戳轉換成人類可閱讀的時間了。

## 拆解各個事件返回值

剛剛提到物件中，Johnny-Five Motion Events 還會返回 `isCalibrated` 和 `detectedMotion` 物件，這兩個物件的值都是布林值 `true` 或 `false`。

我們先了解物件的意義：

- **`isCalibrated`**

**`isCalibrated`** 和校準事件 **`'calibrated'`** 一樣都只會在一開始做一次；當校準事件結束後，`isCalibrated` 返回就會 `true` 值，之後偵測到目標物移動觸發的 motion 動作，不管是 start 還是 end 的都會看到 `isCalibrated` 值都會返回布林值為 `true`。

- **`detectedMotion`**

當目標物**有移動事件**時，PIR Sensor 偵測到時便會回傳 `detectedMotion` 為 ture，就字面上的意思來說就是「偵測到動作了！」；

當目標物**停止移動**動作，會回傳 detectedMotion 為 false，意思來說就是「剛剛的偵測到的動作停止了！」。

## 不同的事件返回物件

'calibrated' 校準事件、'motionstart' 偵測到動作事件、'motionend' 無偵測到動作事件，這三者不同觸發的事件，回傳的物件也會不一樣。

### calibrated －校準事件

```
1 motion.on('calibrated', function(data) {
2    console.log(data);
3    console.log('calibrated');
4 });
```

- function 中的 data 不會回傳物件值，calibrated 事件表示只是一個狀態而已。

### motionstart －偵測到移動動作事件

```
1 motion.on('motionstart', function(data) {
2   console.log(data);
3   console.log('motionstart');
4 });
```

motionstart 事件 function 中 data 會返回

- 偵測到動作的時間戳
- detectedMotion 返回 true
- isCalibrated 返回 true

## motionend －移動動作結束、未偵測到移動事件

```
1 motion.on('motionend', function(data) {
2   console.log(data);
3   console.log('motionend');
4 });
```

motionend 事件 function 中 data 會返回

- 動作停止的時間戳
- detectedMotion 返回 false
- isCalibrated 返回 true

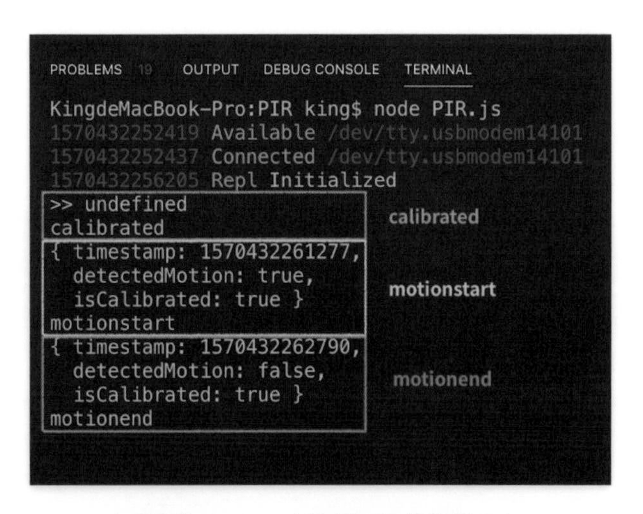


〈 完整的 Motion 事件循環回傳值對照 〉

# PIR Sensor 實驗結果

筆者單純用 Johnny-Five 的 Motion API 這三種事件 calibrated、motionstart、motionend 來示範 PIR Sensor 的感測觸發，這次我們的目標物是喵星超人，當喵星超人走過去的時候，會觸發一連串事件：

當 Arduino 開發板初始化後，接著 PIR Sensor 因為物理特性的關係，也需要幾秒過後初始化完才能開始偵測目標物的動作，也就是 `calibrated` 階段。

〈 此時可以看到 PIR Sensor 前無任何目標物 〉

當目標物－喵星超人出現，PIR Sensor 偵測到目標物移動，即觸發 motionstart 事件，因為筆者設定偵測的週期是 0.25 秒一次，故在 motionstart 後過了 0.25 秒後會再偵測是否目標物有無動作。

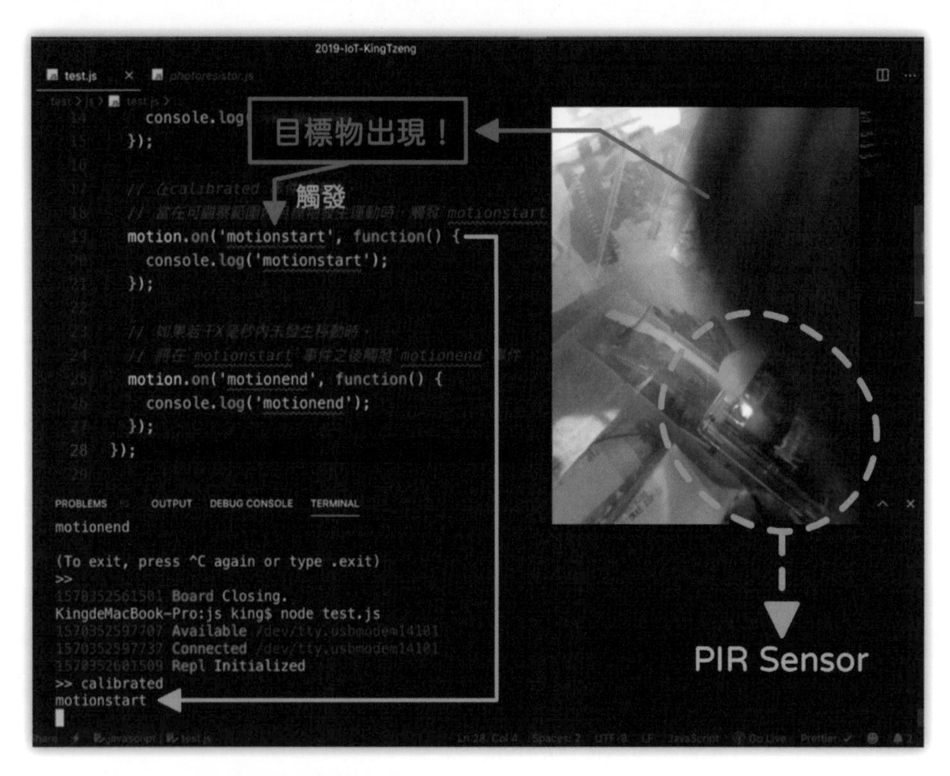


〈 此時可以看到貓星人進入 PIR Sensor 的感測區域了 〉

目標物離開或停止動作後，PIR Sensor 此時偵測不到目標物發散出的紅外線變化，便觸發 `motionend` 事件，告知此目標物已停止動作或離開了。

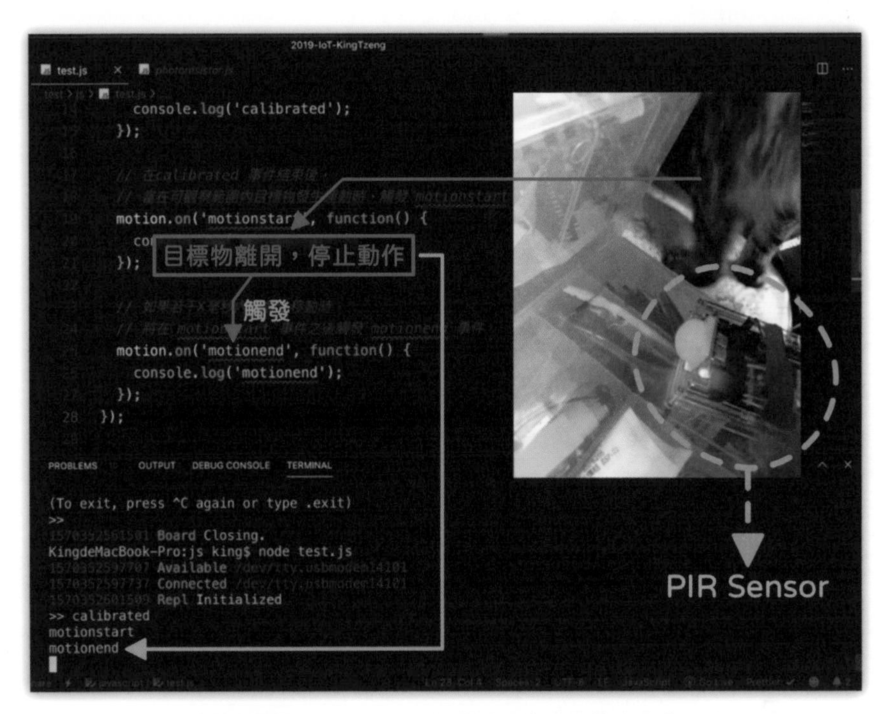


〈 目標物離開 PIR Sensor 的感測區域或是停止動作了 〉

## 實作小結

這就是我們 PIR Sensor 加上 Johnny-Five 的實做實驗啦～
雖然之中有一些事件比較複雜一點，但練習過後就知道是什麼意義了，大家可以來實做看看呦！下篇我們要來製作應用方面的實做練習，請大家務必練習看看囉！(๑•̀ㅂ•́)و✧

# 偵測老闆的一個 Move ！薪水小偷必備！－實務應用 (?) 篇

上一個篇章主要講解 PIR Sensor 的工作原理和測試實驗，本篇要來做一些有趣的小應用～

## 老闆移動偵測器 ( σ°ᵍ °)σ

~~※ 使用前請詳閱公開說明書，請保證工作進度超前再使用本產品，本產品不負被抓包相關責任。~~

市面上 PIR Sensor 可以看到應用在防盜報警、感應燈泡、藏身在冷氣機當中偵測人類等等的需求上…

~~但本書就是這麼不正常~~！科技始於人性，~~人性始於惰性，~~像我們開發者整天坐在辦公室，需求一直改一直改，不如等到完全定案之後再開發，等待的時間又要假裝有在上班，~~實際上我就不說了~~，所以研發了這個東西！

> PS：以上純屬虛構，筆者絕對不是會用這種東西的工程師！不要誤會我 XD

## 怎麼做？想法是這樣的～

當薪水小偷可以不用很緊張！老闆快走過來時，PIR Sensor 偵測到目標物體（老闆）移動動作，觸發 `motionstart` 事件透過 Socket 給前端資料，並紀錄偵測目標物來的時間點與即時開啟預設「看起來認真上班的網頁」，像是在 Stack overflow 求解答或是 MDN 假裝在查文件或資料！整個計畫通阿～(´ｪ ﾉ∀ヽ ｪ)

接下來跟著我一起浪費才能吧～ヽ(･ ×･ ´)ゝ

## 來 Coding 吧！程式碼如下 (ง๑ •̀_•́)ง

### 後端部分－ JavaScript

```
 1 var io = require('socket.io');
 2 var express = require('express');
 3 var five = require('johnny-five');
 4 
 5 var board = new five.Board();
 6 var app = express();
 7 
 8 app.use(express.static('www'));
 9 var server = app.listen(3000, function() {
10   console.log('connected!');
11 });
12 
13 var sio = io(server);
14 
15 board.on('ready', function() {
16   var motion = new five.Motion({
17     pin: '7',
18     freq: 250,
19   });
20 
21   sio.on('connection', function(socket) {
22     motion.on('calibrated', function() {
23       //PIR Sensor Ready
24       console.log('準備好啦！');
25     });
26 
27     motion.on('motionstart', function(data) {
28       // 偵測到有生物在動，觸發事件
29       console.log('偵測到老闆！');
30       socket.emit('startData', {
31         // socket 傳送資料給前端
32         isAction: data,
33       });
34     });
35   });
36 });
```

後端的程式碼其實都大同小異，第 1 ～ 20 行都是和先前一樣的引入和設定，在第 22 行開始，PIR Sonsor 初始化過後會吐出“準備好啦！”的訊息出來；當目標物出現時，觸發 **motionstart** 事件 **data** 物件會經由 Socket 傳送給前端。

### 前端部分－ HTML

```
1 <body>
2   <div class="container">
3     <h2 class="p-5">老 闆 移 動 偵 測</h2>
4   </div>
5   <script src="/socket.io/socket.io.js"></script>
6   <script
  src="https://ajax.googleapis.com/ajax/libs/jquery/1
  .11.3/jquery.min.js"></script>
7   <script src="index.js"></script>
8 </body>
```

~~HTML 網頁就隨便裝飾一下~~，其目的只是要開啟 Socket 連線而已。

### 前端部分－ JavaScript

```
 1 var socket = io.connect();
 2
 3 socket.on('startData', function (data) {
 4   //接收到偵測資料
 5   motionData = data.isAction;
 6   // 時間戳處理
 7   // 先處理數字轉字串 motionData.timestamp + ''
 8   // 接下來分割 10位數時間戳
 9   // 在用 parseInt() 函式轉回數字型別
10   timestamp = parseInt((motionData.timestamp +
  '').substr(0, 10));
11   // 取得是否偵測到動作
12   isMotion = motionData.detectedMotion;
13   // 轉換成人看的時間格式
14   humanCanReadTime = getTime(timestamp);
15
```

還記得 **motionstart** 會回傳「動作時間戳 (**timestamp**)」、「偵測動作 (**detectedMotion**)」、「感測器是否初始化 (**isCalibrated**)」三項物件資料吧！我們要用回傳的動作時間戳 (**timestamp**) 來記錄目標物移動的時間。

第 10 行 時間戳處理

在先前有提到 Johnny-five 的 Motions API 回傳的**時間戳精度為 13 位數的毫秒**，故要先處理轉成 10 位數時間精度為秒的數值，再傳給自訂函式 **getTime()** 把偵測到的時間戳轉換人類可以閱讀的時間格式。

```
16    if (isMotion === true) {
17      // 當老闆來時，在新分頁打開裝認真的網頁
18      window.open('https://developer.mozilla.org/zh-
   TW/docs/Web/JavaScript/Reference/Global_Objects/Arr
   ay', '_blank');
19
20      // 印出時間點
21      $('.container').append('<div class="alert
   alert-danger boss-alert" role="alert">老闆出現於
   <span class="time">' + humanCanReadTime + '</span>
   !</div>');
22    }
23
```

第 12 行 判斷目標物

當 **detectedMotion = true** 時，第 16 行判斷式成立條件後，透過 JavaScript `window.open()` 來實現即時執行開啟瀏覽器視窗，`window.open()` 的第一個參數可自行設定「看起來上班很認真」的網址，第二個參數則是用什麼方式開啟。

> 參考資料：MDN － Window.open()
> https://developer.mozilla.org/en-US/docs/Web/API/Window/open

第 21 行 印出目標物出現時間點

~~前端網頁也不是毫無作用啦~~…如果想記錄目標物（老闆）出現的時間點，可以使用 jQuery 的 `.append()` 方法，把剛剛轉換的時間戳印到 html 頁面上，方便我們觀看目標物出現的時間點。

```
24   // 時間戳格式轉換
25   function getTime(timestamp) {
26     var time = new Date(timestamp * 1000);
27     var h = time.getHours();
28     var min = time.getMinutes();
29     var s = time.getSeconds();
30
31     h = checkTime(h);
32     min = checkTime(min);
33     s = checkTime(s);
34     timeStr = h + ':' + min + ' ' + s + '秒';
35
36     return timeStr;
37   }
38
39   function checkTime(i) {
40     if (i < 10) {
41       i = '0' + i;
42     } // add zero in front of numbers < 10
43     return i;
44   }
45 });
```

第 24 行 轉換成人類可讀時間

在第 14 行，我們把 10 位數的時間戳傳給自訂函式 **getTime()** 後，利用 JavaScript 時間函式方法，轉換成人類可讀的時間，並在第 34 行組合起來即可。

這樣就完成我們的老闆移動偵測器啦！來實際 Demo 看看吧！\(· ×· ´)ゞ

## 測試看看吧！(ง๑ •̀_•́)ง

一樣到該目錄底下執行 node 啟動專案，開啟瀏覽器即連線上 Arduino，前端的頁面視窗可以放在分頁，任君喜好，當偵測到目標物時，瀏覽器視窗即「開啟看起來很認真上班」的頁面，這樣就達到我們的目標了！ ヽ(・ ×・ ´)ゞ

執行node啟動專案，開啟該專案前端頁面

開啟該專案前端頁面後，即連線上 Arduino開始偵測。

現在我"假裝"上班在看Youtube

突然目標物出現了！
觸發motionstart事件，開啟預設好的網頁。

達到目標！完成！ヽ(・×・)ゞ

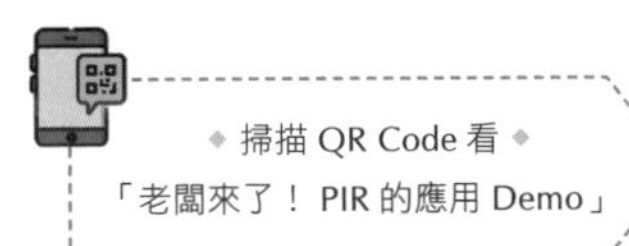

## 章節小結

想必大家都知道要如何寫出~~這麼棒的~~應用了吧 (~~才沒有⋯~~) ！
大家可以發揮創意結合不同 Sensor，創造出更好玩的東西喔！ =≡Σ((( つ•̀ω•́)つ

# 三軸一起來，速度與激情！ _三軸加速度計（Accelerometer）

Sensor 篇第四彈！要介紹的是：

「三軸加速度計－ Accelerometer」
但是你知道嗎？
其實「三軸加速度計 ≠ 陀螺儀」喔！

普遍世人會把三軸加速度計和陀螺儀聯想在一起，覺得它們是一樣的 Sensor，但兩者之間還是有點區別的呦～
就讓我們來了解一下吧！(∩▴o▴)⊃━☆ﾟ.*･｡

## 三軸加速度計（Accelerometer）介紹

加速度計 (Accelerometer) **主要是以重力來感測 ( 就是俗稱的 G 力 )**，也稱為重力感測器 (G-Sensor)；**透過測量的元件在某個軸向的受力大小、狀況來得到數值，也就是三軸運動的情況**，三軸加速度計可以量測 X、Y、Z 三個方向。

而陀螺儀 (Gyroscop)，也稱為角速度計、地感器 (GYRO-Sensor)；**主要結構內部有個陀螺，利用陀螺轉子的運動來量測三維座標的夾角與角速度**，三軸陀螺儀可以同時量測前、後、左、右、上、下六個方向。

兩者都屬於微機電系統（Microelectromechanical Systems，簡寫：MEMS），**將微電子技術與機械工程融合到一起的一種工業技術**；目前的消費性電子產

品和行動裝置都能看到 MEMS 的身影，舉例來說：智慧型手機內的電子羅盤、陀螺儀等…

§ 相關連結 §

- 加速規
  https://zh.wikipedia.org/wiki/%E5%8A%A0%E9%80%9F%E8%A6%8F
- 加速度計和陀螺儀感測器：原理、檢測與應用
  https://reurl.cc/qDNKpD
- 微機電系統
  https://w.wiki/9d6
- 加速計 / 陀螺儀 / 磁力計是什麼，3 軸 /6 軸 /9 軸感測器又是什麼？
  https://reurl.cc/QpbVV0
- 關於加速度計和陀螺儀傾角測量的物理分析
  https://kknews.cc/zh-tw/education/lnaaxy9.html

## 三軸加速度計的工作原理

剛剛提到加速度計屬於 MEMS，它的構成可分成固定電極和可移動物體，透過可移動物體在固定電極片移動產生電容值差值，進而得知物體的位移和方向。

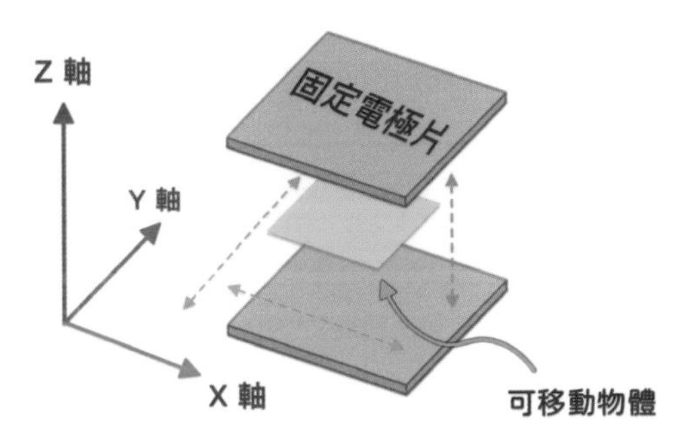


〈 加速度計透過固定電極片中的可移動物體偏移量來取得數值 〉

而筆者的加速度計模組型號是「ADXL345」IC 組合而成的，搖搖模組還會發出「喀啦～喀啦～」的碰撞聲，應該是 IC 裡面的可移動物體的撞擊碰撞聲。

〈筆者的加速度計模組－ADXL345〉

## 三軸加速度計－ADXL345 電路方面

ADXL345 有 I2C 和 SPI 兩種通訊協定可以選擇，三軸加速度模組的接腳有：

- Vcc －直流電壓供給（接受直流電壓的範圍為 2.0V ～ 3.6V）
- GND －接地腳位
- CS －選擇晶片（Chip Select.）
- INT1 －中斷輸出 1（Interrupt 1 Output.）
- INT2 －中斷輸出 2（Interrupt 2 Output. ）
- SDO －串列資料輸出，SPI 通訊（Serial Data Output.）
- SDA －串列資料線（Serial Data.）
- SCL －串列通訊時脈線（Serial Communications Clock.）

> Data Sheet － ADXL345
> https://www.analog.com/media/en/technical-documentation/data-sheets/ADXL345.pdf

後面還有很多需要理解的東西，話不多説趕快來實作吧！
準備需要的東西有～ヽ(・ ×・ ´)ゞ

# 不動看不懂！最狂的加速度解說！

## 這邊需要準備的材料有

－硬體的部分－

- Arduino UNO ＊ 1 片
- USB Type B 線材 ＊ 1 條
- 三軸加速度計－ ADXL345 ＊ 1 條
- 杜邦線 ＊ N 條

## 電路接線圖

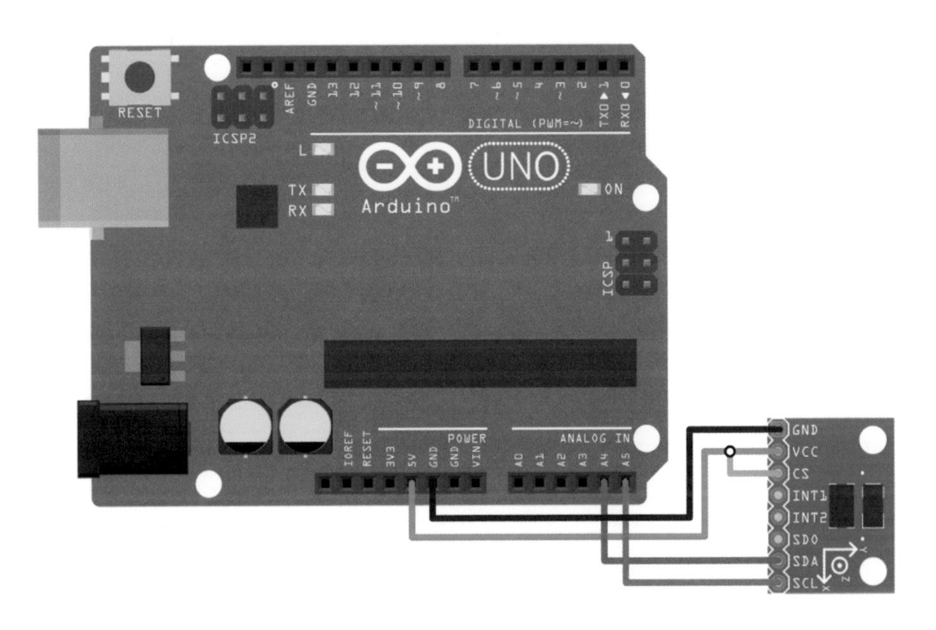


在 Johnny-Five 的 Accelerometer API 文件中提到，ADXL345 使用 I2C 通訊，將 SDA、SCL 接腳連接到 Arduino 的 I2C 接腳 A4、A5（類比輸入腳位），所以我們只要接 SDA 和 SCL 資料線即可。

**ADXL345**

```
// Create an ADXL345 Accelerometer object:
//
//   - attach SDA and SCL to the I2C pins on
//     your board (A4 and A5 for the Uno)
//   - specify the ADXL345 controller
new five.Accelerometer({
  controller: "ADXL345"
});
```

〈ADXL345 在 Johnny-Five 中的接腳方法〉

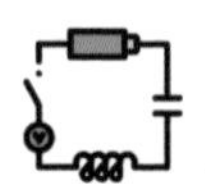

## 電子電路圖

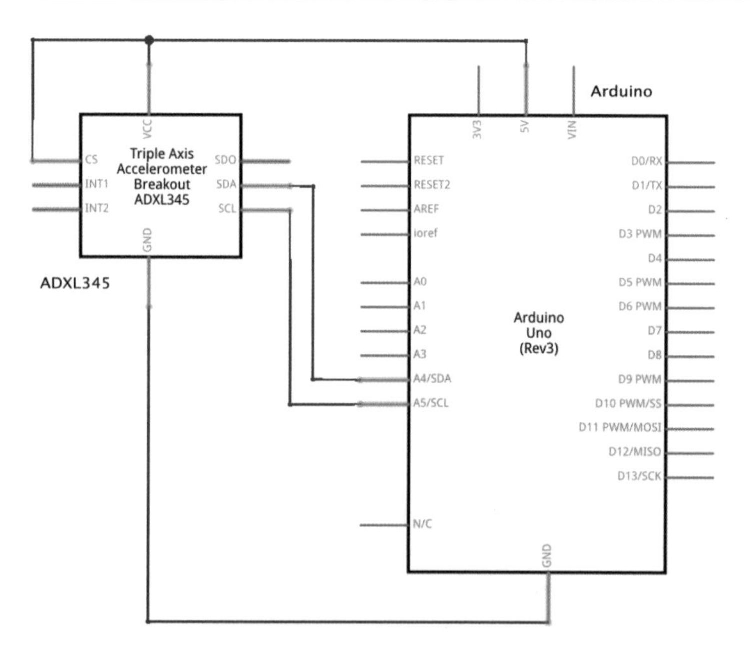


## Johnny-Five 上的 Accelerometer（以 ADXL345 範例）

Johnny-Five － Accelerometer

http://johnny-five.io/api/accelerometer/

要使用三軸加速度計的話，需要呼叫 Johnny-Five 的 `Accelerometer` 物件，**物件參數** `controller` **為指定加速度計型號**，**`controller`** 為選填；

Johnny-Five 附表列出目前加速度計有支援的型號，**`controller`** 填上使用的加速度器字串即可。如果沒填寫特定的 **`controller`** 屬性的話，預設值為 `'ANALOG'`；使用特定的加速度 Sensor 若對應到 Johnny-Five 清單中有支援的模組型號，則填寫該特定模組的字串名稱。

> Johnny-Five Accelerometer Parameters
> http://johnny-five.io/api/accelerometer/#parameters

## Parameters

- **General Options**

有支援的模組型號

| Property | Type | Value/Description | Default | Required |
|---|---|---|---|---|
| controller | string | ANALOG, MPU6050, ADXL345, ADXL335, MMA7361, LSM303C. The Name of the controller to use | "ANALOG" | no |

- **Analog Options (`controller: "ANALOG"`)**

ANALOG 選填參數

| Property | Type | Value/Description | Default | Required |
|---|---|---|---|---|
| pins | Array of Strings | ["A*"]. The String analog pins that X, Y, and Z (optional) are attached to | none | yes |
| sensitivity | Number | Varies by device. This value can be identified in the device's datasheet. | 96 (Tinkerkit) | no |
| aref | Number | Voltage reference. This is the value of the VCC pin | 5 | no |
| zeroV | Number or Array | 0-1023. The analog input when at rest, perpendicular to gravity. When an array, specifies the zeroV for the individual axes. | 478 | no |
| autoCalibrate | Boolean | `true`, `false`. Whether to auto-calibrate the `zeroV` values. The device must be initialized with X/Y axes perpendicular to the earth, and the Z axis pointing to the sky. | false | no |

此範例中使用 ADXL345，故 controller 的 Value 值填寫 'ADXL345' 字串；

```
1 new five.Accelerometer({
2   controller: 'ADXL345',
3 });
```

## Johnny-Five Accelerometer API

> Johnny-Five - Accelerometer API：
> http://johnny-five.io/api/accelerometer/#api

在加速度計上，Johnny-Five 提供三個 API 供大家使用：

### hasAxis( 軸 )

功能：偵測 Sensor 是否支援 X/Y/Z 軸。

可用判斷式去檢測加速度計是否有支援某軸（X/Y/Z）。

### enable()

功能：啟動 Device 偵測和 Events 事件；

如果 Device 支援休眠狀態，呼叫 enable() 會將其喚醒。

### disable()

功能：停用 Device 偵測和 Events 事件；

如果 Device 支援休眠狀態，呼叫 disable() 會將其進入休眠狀態。

## Accelerometer API － Events 事件

此類 Sensor Event 事件皆以偵測的模式來寫，故 Events 也是 change 和 data 事件和之前介紹的一樣。

- `change`

  當數值有變化時，才會輸出數值。

- `data`

  以開發者定義的頻率 `freq` 來發送數值，單位為毫秒 (milliseconds)。

## Accelerometer 的物件返回值

使用 Johnny-Five 的 Accelerometer 物件，會返回 X、Y、Z 軸的變化數值還有其他的物件返回值：

- pins：定義 X、Y、Z 的腳位。
- pitch：俯仰角的數值，單位為度（degree）。
- roll：滾轉角的數值，單位為度（degree）。
- x：X 軸方向的重力值。
- y：Y 軸方向的重力值。
- z：Z 軸方向的重力值。
- acceleration：重力加速度的數值。
- inclination：傾斜度、傾角數值，單位為度（degree）。
- orientation：設備的方位，表示數值為 -3, -2, -1, 1, 2, 3。

**相信大家一定有看沒有懂吧…什麼是俯仰角？什麼是滾轉角、傾角呢？**

如果用文字說明俯仰角、滾轉角、傾斜度 ( 搖動軸 )，~~不吐血才怪 ....~~
沒關係！筆者這邊準備了示意圖來解釋這些分別代表什麼，讓繼續看下去吧！！(๑•̀ㅂ•́)و✧

# 圖解說明－ roll、pitch、inclination

## 空間概念

首先我們先用飛機代表加速計來了解空間概念！下圖是飛機在 X、Y、Z 軸的對應位置。

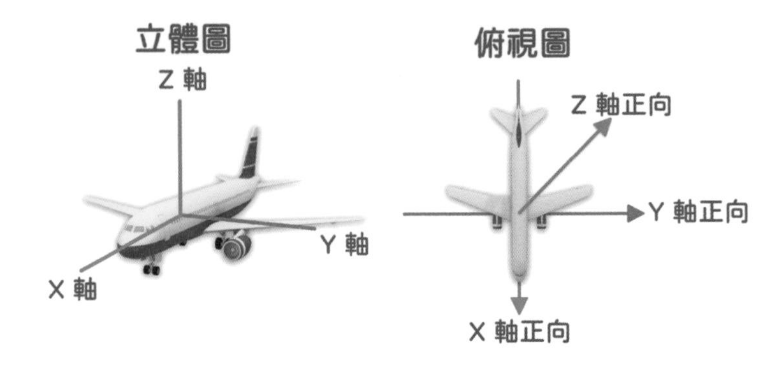


我們現在的視角就和左邊的立體圖一樣，用生活一點用語表示，假設現在有一台飛機在面對你的方向動來動去那麼 **X 軸就是「前後」方向動，Y 軸就是「左右」方向動，Z 軸就是「上下」方向動**。

右邊的圖則是我們從上往下看飛機的運動方向軸，由下面解析物體轉動的名詞各代表什麼意思：

### roll －滾轉角

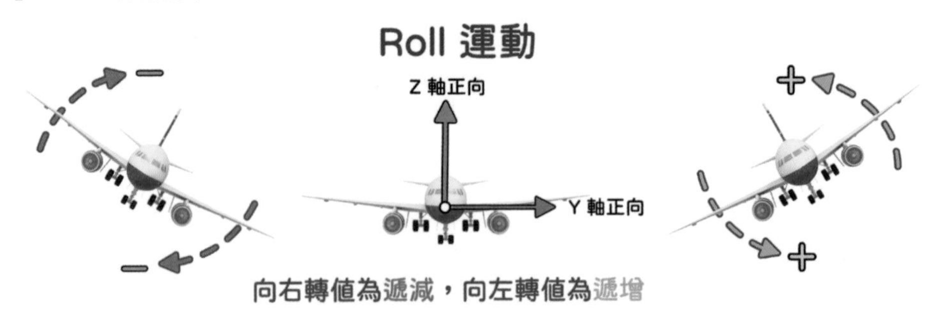

**物件返回值 `roll` 為滾動角的數值**；Roll 的動作就像「從機頭方向看飛機翻滾一樣」滾動方向逆時針為正、順時針為負。

當加速度計平放**向右翻轉時，值為遞減；反之，向左翻轉時，值為遞增**。

### pitch －俯仰角

**物件返回值 `pitch` 為俯仰角的數值**；pitch 的動作就像「飛機飛起來拉升機頭（左圖，仰頭）、降落機鼻往下機尾朝上一樣（右圖，俯衝）」；**仰角數值為正值，俯角轉動為負值**。

**仰角方向數值為正值，俯角方向轉動為負值。**

### inclination －傾角

**物件返回值 `inclination` 為傾角的數值**；inclination 的動作像「**從飛機機背（Z 軸正向）看進去**」，順時針方向傾斜為正值，逆時鐘方向傾斜為負值。

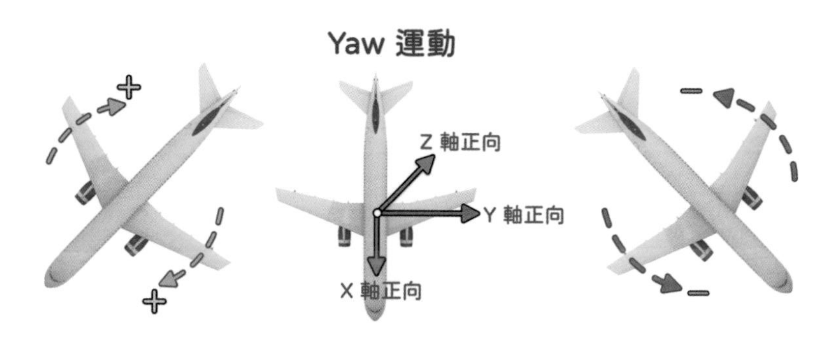


**順時針方向傾斜為正值，逆時鐘方向傾斜為負值**

## 實作應用－驗證 roll 滾轉角、pitch 俯仰角、inclination 傾角數值

### 來 Coding 吧！程式碼如下 (ง๑ •̀_•́)ง

```
1 var five = require('johnny-five');
2 var board = new five.Board();
3
4 board.on('ready', function() {
5   var accelerometer = new five.Accelerometer({
6     controller: 'ADXL345',
7   });
8
9   accelerometer.on('change', () => {
10    const { acceleration, inclination, orientation,
  pitch, roll, x, y, z } = accelerometer;
11    console.log('Accelerometer:');
12    console.log('  x            : ', x);
13    console.log('  y            : ', y);
14    console.log('  z            : ', z);
15    console.log('  pitch        : ', pitch);
16    console.log('  roll         : ', roll);
17    console.log('  acceleration : ', acceleration);
18    console.log('  inclination  : ', inclination);
19    console.log('  orientation  : ', orientation);
20    console.log('----------------------------------
  ----');
21  });
22 });
```

我們就用實作來驗證各個方向角的數值與透過印出數值來了解 Johnny-Five 的 Accelerometer 物件屬性返回值，這次使用 change 事件來偵聽加速度計的數值改變。

## 返回值－ y & roll

當筆者滾動加速度計時，觀察 y 和 roll 會隨著左右滾動數值而不同，`roll` 角度數值為 -90 度～ 90 度。

### ＊ 不滾動狀態（平放）

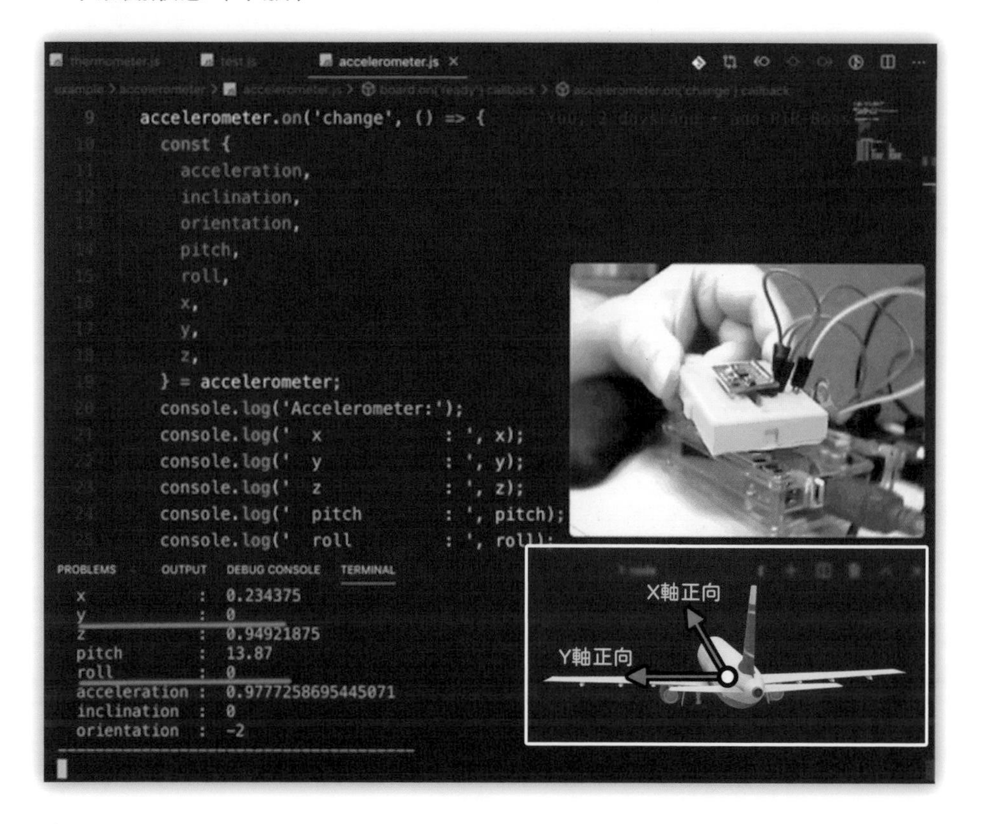


筆者平拿加速度計，如圖同所示加速度計方向為看進去為正向，用飛機比喻如同從機尾看進去；因加速度計角度上沒有變化，**Accelerometer 物件返回值 `y` 則數值為「0」左右，`roll` 值也一樣。**

＊ 向右滾動（從機尾看進去順時針方向）

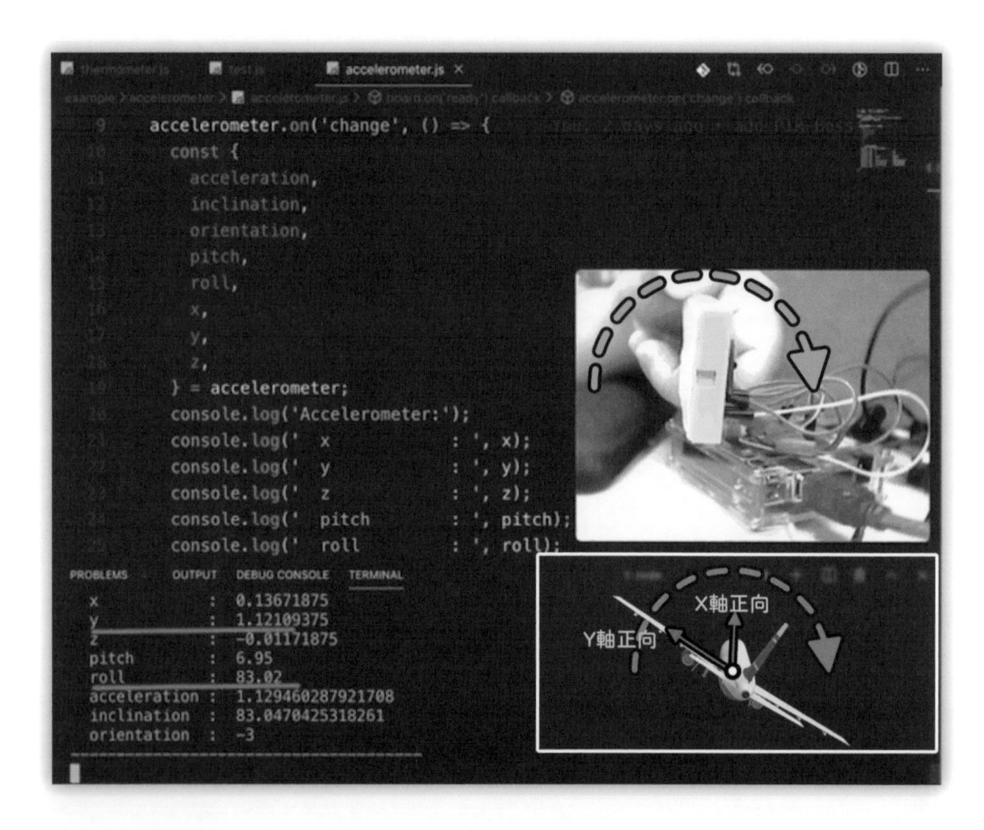


筆者拿著加速度計**由 Y 軸正向朝 Z 軸順時針轉動**，`Accelerometer` 物件返回值 `y` 則會是數值「＋ 1」上下，`roll` 值則是返回「正數」，順時針轉動角度越大、數值越大。

✽ 向左滾動（從機尾看進去逆時針方向）

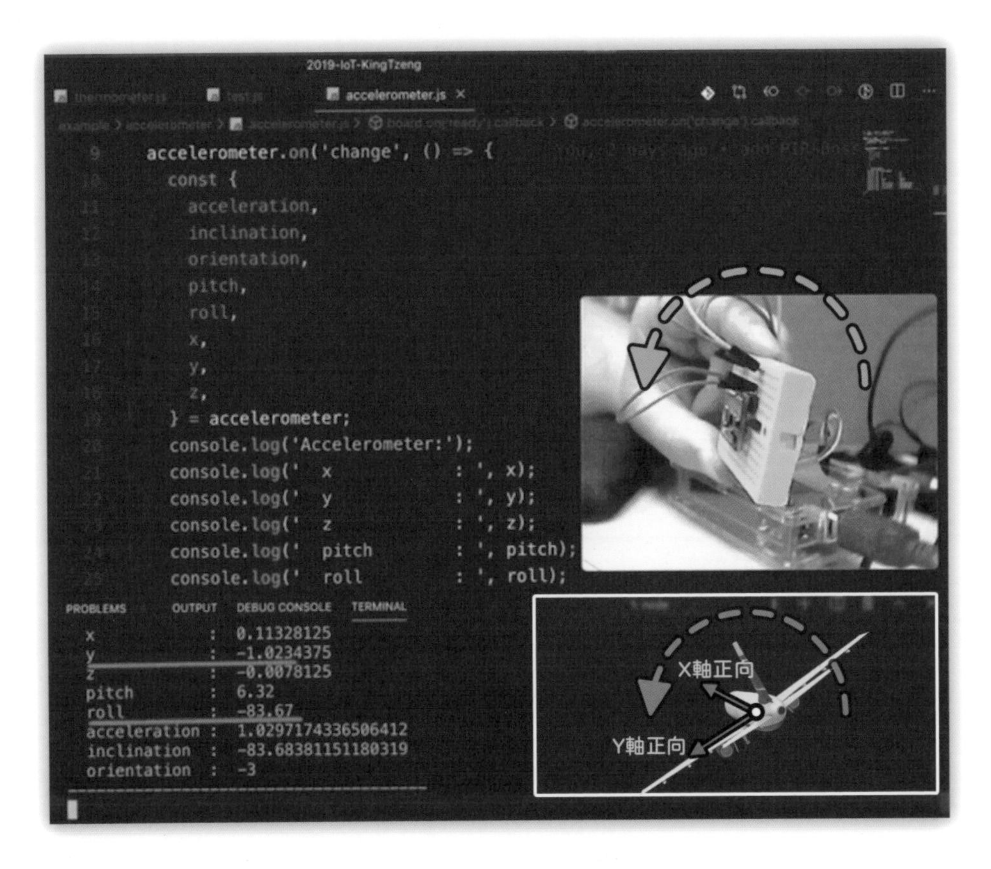


筆者拿著加速度計由 Y 軸正向朝 Z 軸逆時針轉動，Accelerometer 物件返回值 `y` 則會是數值「-1」上下，`roll` 值則是返回「負數」逆時針轉動角度越大、負數越大。

## 返回值－ x & pitch

筆者現在要改變加速度計的俯仰角，觀察 x 和 **pitch** 會隨著俯仰角上下動數值而不同，**pitch** 角度數值為 -90 度～ 90 度。

### ＊ 不動狀態（平放）

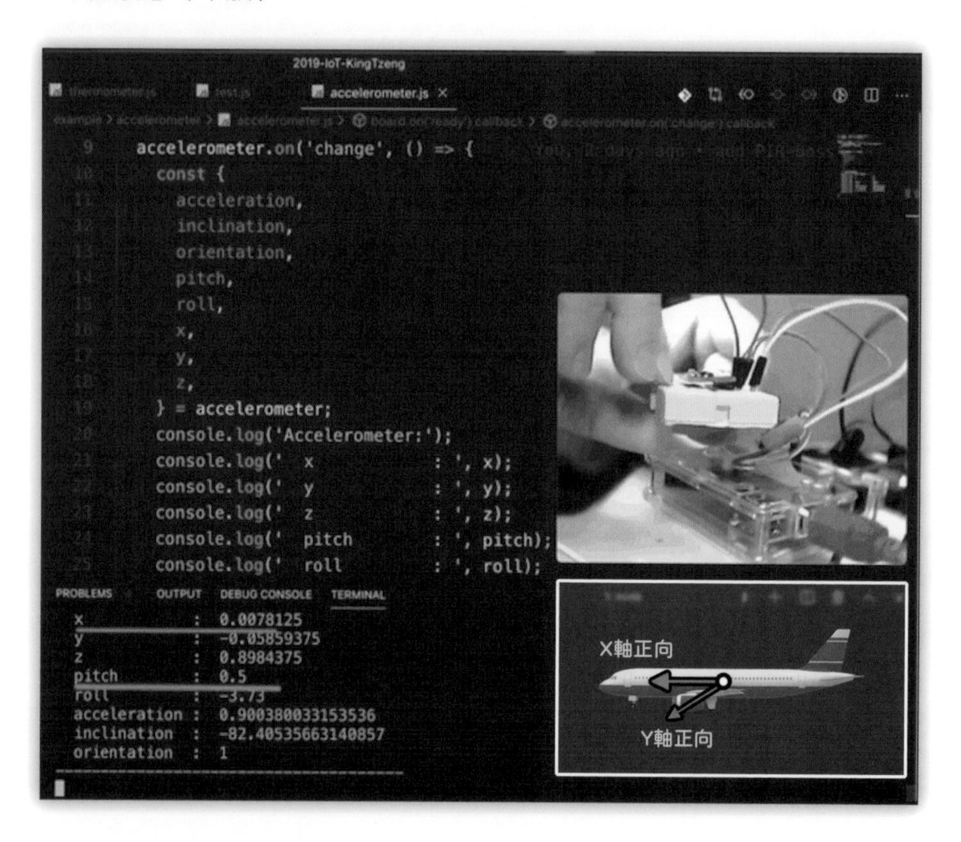


筆者平拿加速度計，同樣因為加速度計俯仰角度上沒有變化，**Accelerometer** 物件返回值 `x` 則數值為「0」左右，`pitch` 值角度也一樣在 0 度角左右。

### * 仰角動作（向上）

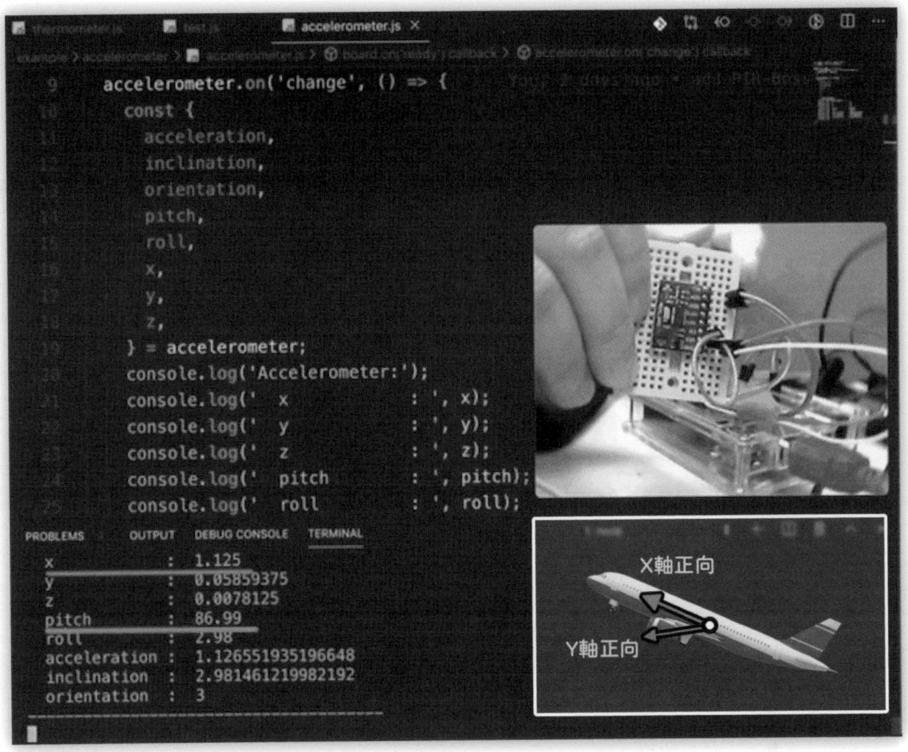

```
9     accelerometer.on('change', () => {
10      const {
11        acceleration,
12        inclination,
13        orientation,
14        pitch,
15        roll,
16        x,
17        y,
18        z,
19      } = accelerometer;
20      console.log('Accelerometer:');
21      console.log('  x            : ', x);
22      console.log('  y            : ', y);
23      console.log('  z            : ', z);
24      console.log('  pitch        : ', pitch);
25      console.log('  roll         : ', roll);
```

```
x            :  1.125
y            :  0.05859375
z            :  0.0078125
pitch        :  86.99
roll         :  2.98
acceleration :  1.126551935196648
inclination  :  2.981461219982192
orientation  :  3
```



筆者拿著加速度計增加 X 軸角度，因為加速度計呈現仰角，Accelerometer 物件返回值 `x` 則數值為「+1」上下，`pitch` 值返回正數，X 軸角度越大，正數值越大。

## ＊ 俯角動作（向下）

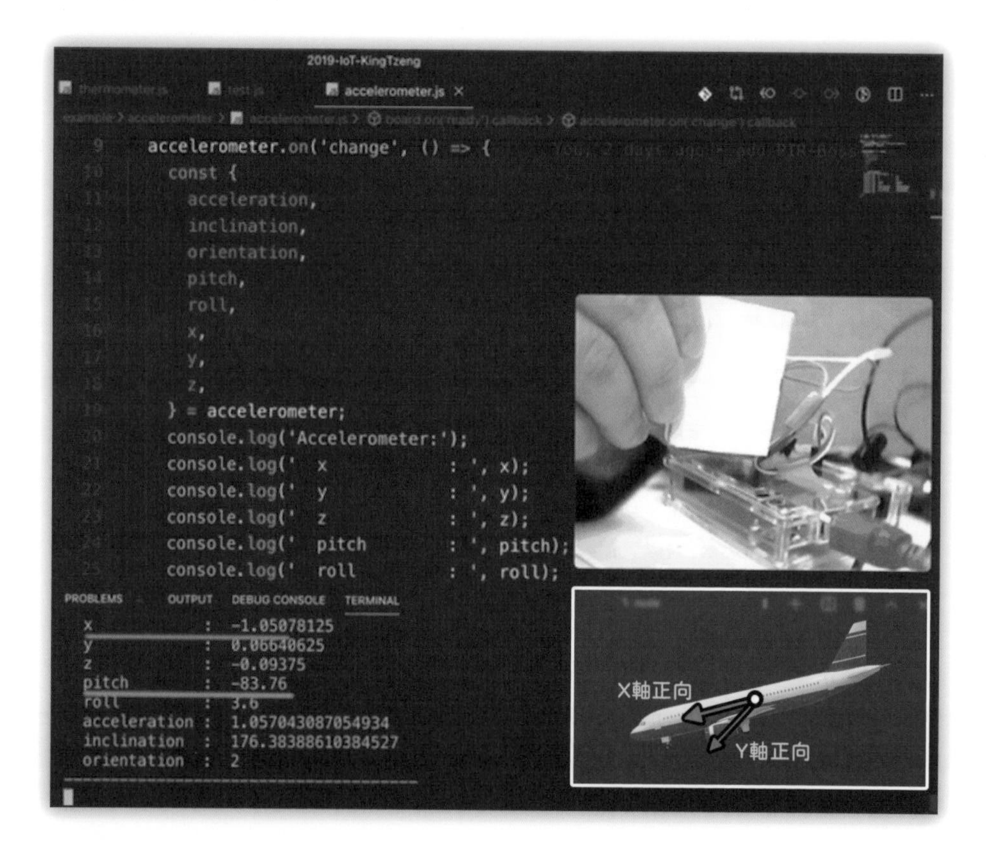


筆者拿著加速度計減少 X 軸角度，因為加速度計呈現俯角，Accelerometer 物件返回值 `x` 則數值為「-1」上下，`pitch` 值返回負數，X 軸角度越小，負數值越大。

## 返回值－inclination

當筆者轉動加速度計時，觀察隨著轉動加速度計返回值 `inclination` 數值會因轉動角度大小而改變，`inclination` 角度數值為 -180 度～ 180 度。

### ＊ 無偏擺動作時（X 軸 Y 軸垂直於 Z 軸）

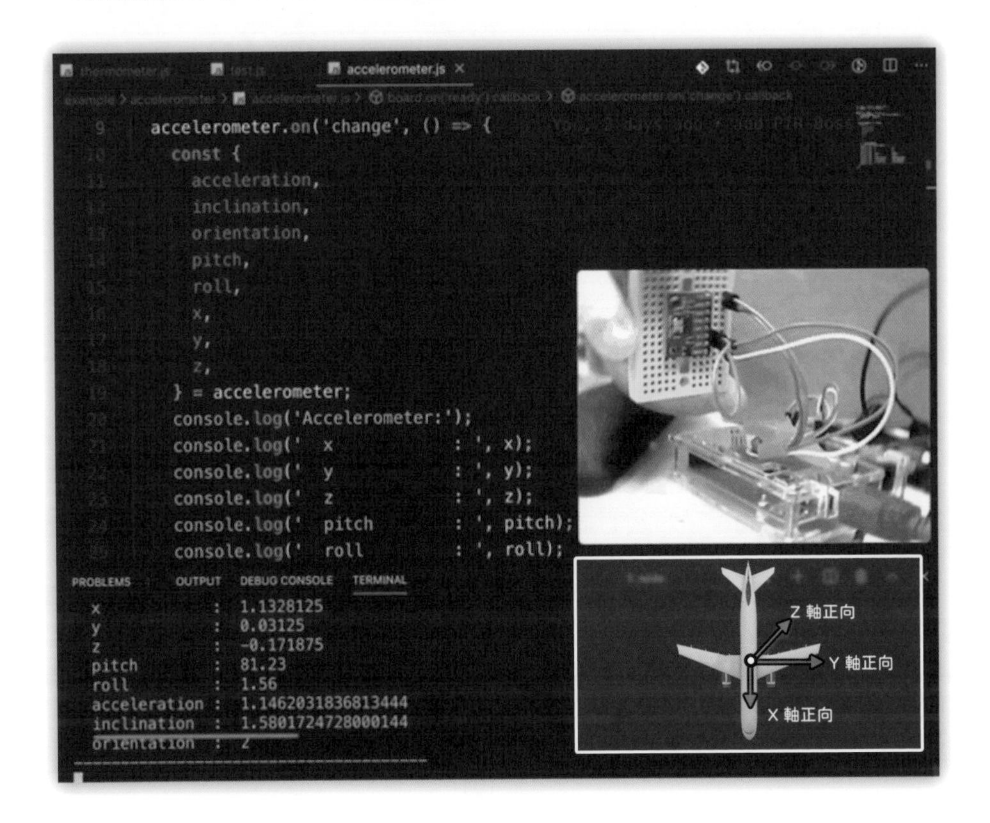


當筆者拿著加速度靜止不動，因為加速度計無偏擺動作 (Yaw)，故 `Accelerometer` 物件返回值 `inclination` 則數值為「`0`」角度。

## ＊ 向右偏擺時

當加速度計順時針偏擺，因為加速度計傾斜角變大，Accelerometer 物件返回值 `inclination` 值返回正數，角度越大，正數值越大，角度值最大為 +180 度。

## ＊ 向左偏擺時

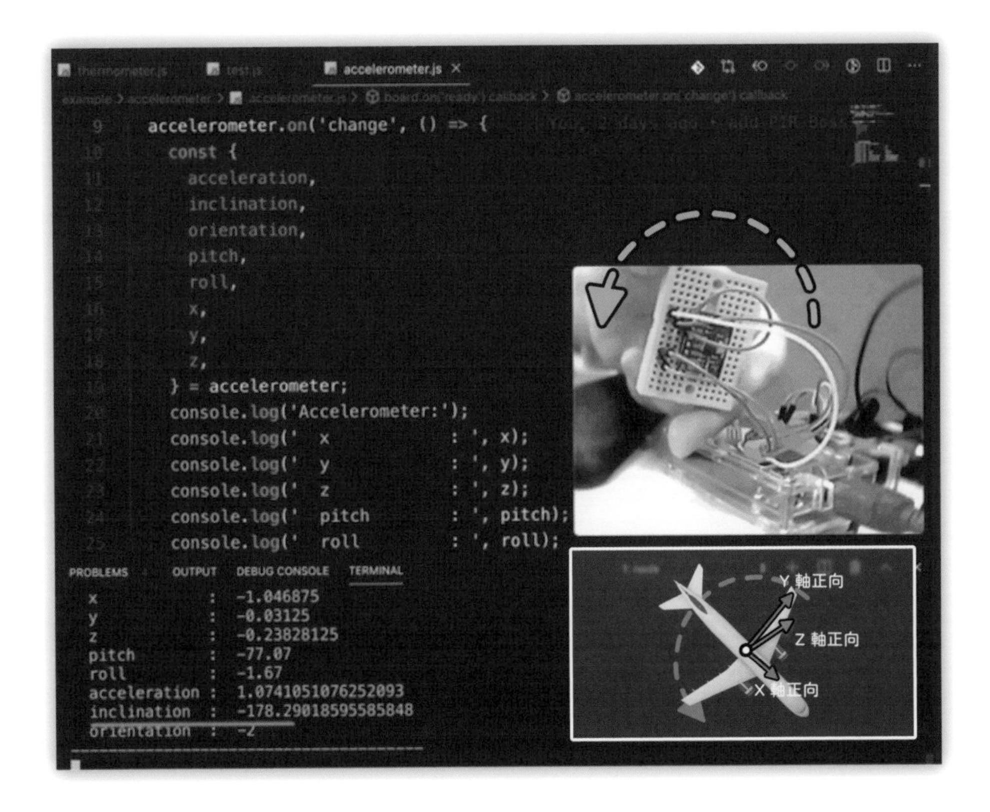


當加速度計逆時針偏擺，因加速度計傾斜角變小，Accelerometer 物件返回值 `inclination` 值返回負數，角度越小，負數值越大，角度值最小為 -180 度。

## 章節小結

這篇是以 Johnny-Five 提供的 `Accelerometer` 物件加上硬體「ADXL345」加速度計來說明，希望用圖片加上掃描 QR Code 的動圖，讓大家比較能理解三軸的定位與動作，利用這些原理來做出好玩的東西！

接下來要結合前端網頁來實現看起來很狂的東西，同樣請大家多練習看看喔～~~（雖然本篇有點複雜 QQ）~~

# 讓你實體轉動網頁上的東西！最狂的三軸加速度計應用！

本魯宅筆者以前還在新手村學習的時候，我師傅 Amos（人稱 CSS 之神）傳授了一個神奇的 CSS 3D 運用，當時 Amos 師傅用 CSS3 寫出 3D 的 Box 覺得超好玩又很酷！(✪ω✪)

現在本魯宅弟子拿來和加速度計做結合，當我們轉動實體的物品時，螢幕內虛擬的物件也可以一起轉動！這個應用，筆者就叫取名為「瘋 狂 麥 塊」吧！＼(· ×· ´)ゞ

## 瘋狂麥塊

這是一個轉動加速度計，網頁內的 3D 方塊就會跟著轉動的示範應用，非常的好玩！也是此書的目標「寫一種程式語言就可以操控現實中的實體物件和虛擬物件」，那就讓我們看看是怎麼做出來的吧！(๑•̀ㅂ•́)و✧

## 怎麼做？想法是這樣的～

利用 `Accelerometer` 物件返回值 `pitch`、`roll`、`inclination` 去改變 HTML 元素的 CSS3 屬性 transform: rotateX(deg) rotateY(deg) rotateZ(deg); 角度；隨著加速度器回傳的數值套用到 CSS3 上，實現轉動的感覺。

> 擷取 MDN － transform
>
> 網址：https://developer.mozilla.org/zh-TW/docs/Web/CSS/transform
>
> transform CSS 屬性可以讓你修改 CSS 可視化格式模型（visual formatting model）的空間維度。使用此屬性，HTML 元素可以被平移、旋轉、縮放和傾斜。

## 來 Coding 吧！程式碼如下 (ง๑ •̀_•́)ง

### 後端部分－ JavaScript

先來看看後端部分如何寫；我們就依照上一篇的範例寫法，呼叫 Johnny-Five 的 `accelerometer` 物件，取物件返回值 `pitch`、`roll`、`inclination` 的數值，透過 jQuery 的 `.css()` 方法來改變 HTML 方塊元素的 XYZ 軸角度偏移量即可。

```
1 var io = require('socket.io');
2 var express = require('express');
3 var five = require('johnny-five');
4
5 var board = new five.Board();
6 var app = express();
7
8 app.use(express.static('www'));
9 var server = app.listen(3000, function () {
10   console.log('connected!');
11 });
12
13 var sio = io(server);
14
15 board.on('ready', function () {
16   var accelerometer = new five.Accelerometer({
17     controller: 'ADXL345',
18   });
19
20   sio.on('connection', function (socket) {
21     accelerometer.on('change', (data) => {
22       const {
23         acceleration,
24         inclination,
25         orientation,
26         pitch,
27         roll,
28         x,
29         y,
30         z,
31       } = accelerometer;
32       // 送 返回值 給前端接收
33       socket.emit('startData', {
34         axis: data,
35         pitch: pitch,
36         roll: roll,
37         acceleration: acceleration,
38         inclination: inclination,
39         orientation: orientation,
40       });
41     });
42   });
43 });
```

# 透視 HTML

一個立方體的組成有上、下、左、右、前、後六個面所組成，所以我們需要在 HTML 中建立六個 div。

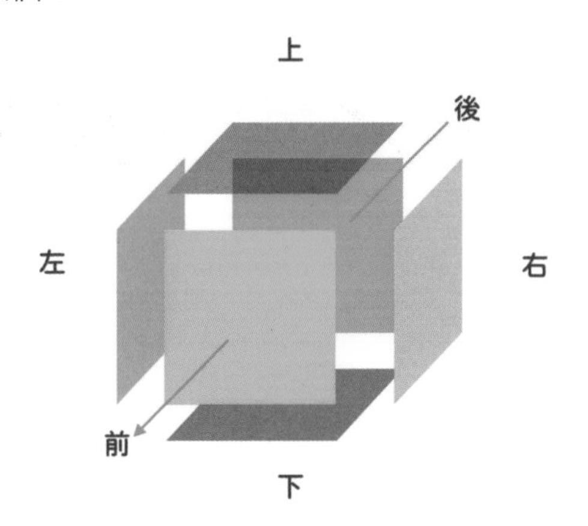


## 前端部分－HTML

```
1 <div class="box">
2   <div class="front">F</div>
3   <div class="back">B</div>
4   <div class="top">T</div>
5   <div class="bottom">BT</div>
6   <div class="left">L</div>
7   <div class="right">R</div>
8 </div>
```

接著我們要使用~~魔法~~CSS 的「`transform-style: preserve-3d;`」
但 **transform-style** 作用於子元素，所以我們要給它一個爸爸 div 父層「box」，讓它繼承 preserve-3d 的屬性，讓原本只有 2 個軸度的 HTML 變成 3 個軸度，也就是 2D 變成 3D。

```
1 .box {
2   transform-style: preserve-3d;
3   //宣告元素的子代應放置在3D空間中。
4 }
```

## 設定立方體的面

現在的你如果照著打應該會覺得很困惑，為什麼告訴瀏覽器「我的 HTML 是 3D 元素喔！」結果得到的是這個畫面⋯

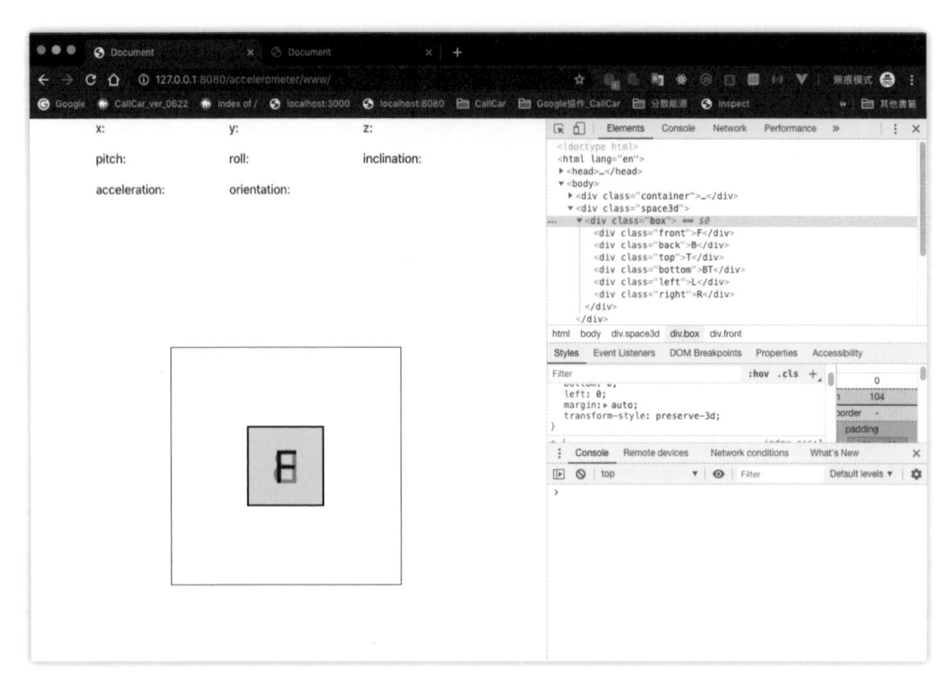


〈 正方形都疊在一起啦！！(ʘ 益 ʘ) 〉

所以要繼續設定立方體各面的位置就定位！因為現在 box 的子層是立體的，但是 **box 本身不是立體的**，看起來當然就是平面囉⋯

box 沒父層，這時候就要給他一個父層 div（阿公 div），外面再包一層 div「space3d」，讓 box 成為真正的 3D 立體物；box 變 3D 後才看的到 box 的孩子（box 的各個面）進而寫各個方塊面的定位動作。

```
1 <div class="space3d">  //阿公讓爸爸變3D
2   <div class="box">  //爸爸讓孩子變3D
3     // 以下都是孩子
4     <div class="front">F</div>
5     <div class="back">B</div>
6     <div class="top">T</div>
7     <div class="bottom">BT</div>
8     <div class="left">L</div>
9     <div class="right">R</div>
10  </div>
11 </div>
```

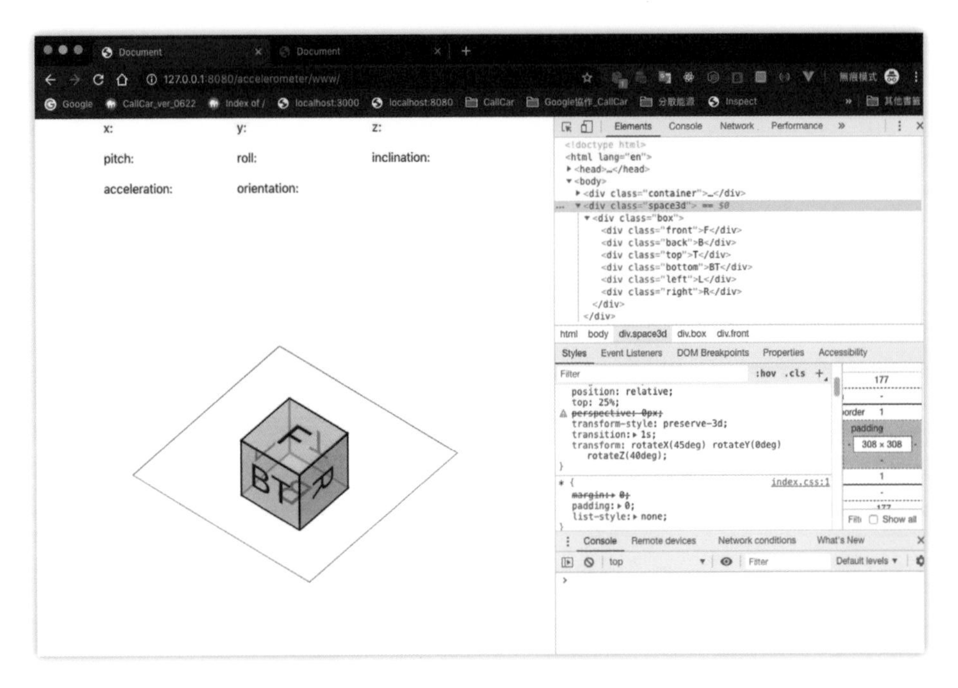


〈 接著你應該就會看到爸爸和孩子都變立體了！(๑•̀ㅂ•́)و✧ 〉

## 前端部分－ CSS Style

- 父層 div 設定子元素為 3D 透視元件

`.space3` 為最外層 div 絕對定位在 HTML 頁面中，同時使用 CSS3 屬性 `transform-style: preserve-3d;` 宣告 div 子元素為 3D 透視元件。

```
 1 .space3d {
 2   width: 310px;
 3   height: 310px;
 4   border: 1px solid #5b4b00;
 5   margin: auto;
 6   position: relative;
 7   top: 25%;
 8   perspective: 0px;
 9   transform-style: preserve-3d;
10   transition: 1s;
11   /* transform: rotateX(45deg) rotateY(0deg)
  rotateZ(40deg); */
12 }
13
14 .box {
15   width: 100px;
16   height: 100px;
17   /* border: 1px solid #0f0; */
18   position: absolute;
19   top: 0;
20   right: 0;
21   bottom: 0;
22   left: 0;
23   margin: auto;
24   transform-style: preserve-3d;
25 }
26
27 .box div {
28   width: 100%;
29   height: 100%;
30   outline: 2px solid #000;
31   position: absolute;
32   top: 0;
33   left: 0;
34   font-size: 60px;
35   text-align: center;
36   line-height: 100px;
37 }
38
```

### • 使用 CSS 屬性 transform 來定位好方塊各面的位置

定位好 box 各面的位置，用 transform 來調整位置。

```
39 .box .front {
40   transform: translateZ(50px);
41   background-color: #ffc9b596;
42 }
43
44 .box .back {
45   transform: rotateY(180deg) translateZ(50px);
46   background-color: #ffc1078f;
47 }
48
49 .box .top {
50   transform: rotateX(90deg) translateZ(50px);
51   background-color: hsla(330, 100%, 60%, 0.5);
52 }
53
54 .box .bottom {
55   transform: rotateX(270deg) translateZ(50px);
56   background-color: #7fe0ff80;
57 }
58
59 .box .left {
60   transform: rotateY(270deg) translateZ(50px);
61   background-color: #d15eff80;
62 }
63
64 .box .right {
65   transform: rotateY(90deg) translateZ(50px);
66   background-color: #59e24596;
67 }
```

## 前端部分－ JavaScript

```
 1 var socket = io.connect();
 2
 3 socket.on('startData', function(data) {
 4   // 當socket開始連線時，接收資料
 5   axis = data.axis;
 6   x = axis.x.toFixed(3);
 7   y = axis.y.toFixed(3);
 8   z = axis.z.toFixed(3);
 9   pitch = (data.pitch * 10).toFixed(2);
10   roll = (data.roll * 10).toFixed(2);
11   acceleration = data.acceleration.toFixed(3);
12   inclination = data.inclination.toFixed(2);
13   orientation = data.orientation;
14
15   //將接收到的數值印在 HTML 上
16   $('.xAxis').text(x);
17   $('.yAxis').text(y);
18   $('.zAxis').text(z);
19   $('.pitch').text(pitch);
20   $('.roll').text(roll);
21   $('.acceleration').text(acceleration);
22   $('.inclination').text(inclination);
23   $('.orientation').text(orientation);
24
25   // 利用 transform 改變 box 的 XYZ 軸。
26   $('.space3d').css('transform', 'rotateX(' + pitch
  + 'deg) rotateY(' + roll + 'deg) rotateZ(' +
  inclination + 'deg)' );
27 });
```

第 6～12 行

在 HTML 中筆者把旋轉的角度與改變的數值顯示在頁面中，但因為回傳的數值小數點太多位數，故筆者用 `.toFixed(Num);` 方法，此方法保留小數點後 N 位數，其餘去除；筆者這邊保留小數點後 2、3 位數以便閱讀。

第 16～23 行

將接收到的 `Accelerometer` 物件資料返回值印在 HTML 上。

第 26 行
最關鍵的一行，透過 jQuery 的 `.css()` 方法改變 .space3d 元素的 XYZ 軸角度偏移量（單位為 deg）；三軸分別對應：

- `rotateX` 對應到 `pitch`
- `rotateY` 對應到 `roll`
- `rotateZ` 對應到 `inclination`

§ 補充連結 §

- MDN – <transform-function>：
  https://developer.mozilla.org/en-US/docs/Web/CSS/transform-function

## 測試看看吧！(ง๑ •̀_•́)ง

這樣就完成囉！一樣我們到該專案目錄底下啟動 node.js，開啟前端頁面後就會看見 3D 的 Box 方塊，轉動加速度計會觸發改變事件，透過 Socket 將角度數值傳到前端頁面與改變 CSS 的 `transform` 元素，Box 方塊也會隨之改變角度，非常好玩的喔！大家一定要來測試看看喔！ \(・ ×・ ´)ゞ

# 我達達的馬達聲，是個美麗的動作～_伺服馬達（Servo）

## 伺服馬達（Servo）介紹

**伺服馬達－ Servomotor 是用於伺服機構的馬達總稱**；伺服的意思是**依照指令動作**，伺服馬達由控制裝置和馬達所組成，其動作特性可以進行定位控制和動作的速度控制。

為了讓大家更了解伺服馬達的構造，筆者~~冒險~~把我的 SG90 9g 伺服馬達給拆解開來，一起來解構伺服馬達吧～d( ·∀·)b

## 解構伺服馬達（以 SG90 9g 伺服馬達為例）

首先，伺服馬達的外觀由塑膠外殼包起來，頂部和底部可以拆開，馬達有三條一體的排線接出，這三條排線分別是輸入電壓、接地線與 PWM 脈衝訊號輸入。

小螺絲卸下打開底蓋後，底部可以看到負責控制訊號的迷你電路板與小馬達兩個物件。

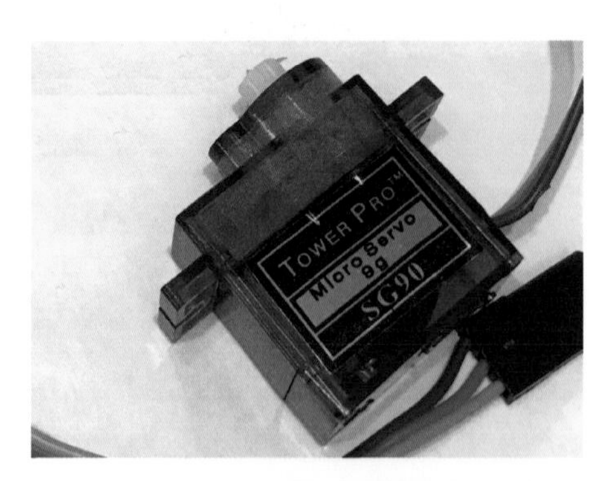


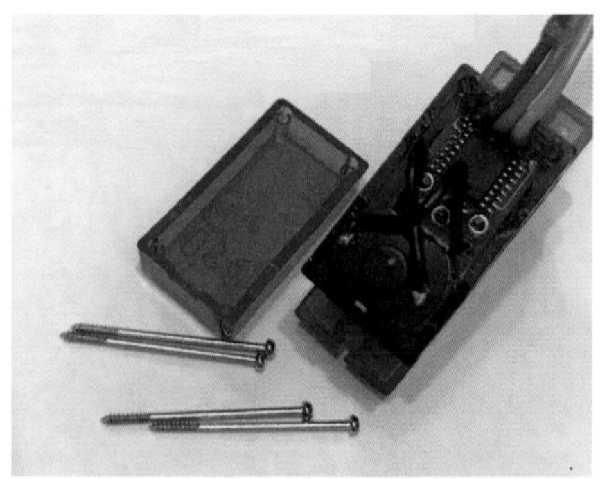

〈 左圖為伺服馬達外觀與三條一體的排線，右圖為卸下螺絲後內部樣貌。 〉

把上部的外殼拆開，最先看到的是有四個小齒輪組合而成的減速齒輪組；從側面來看，右邊是迷你馬達，左邊有一個像控制方向的電位器，馬達動力輸出透過齒輪組連動到左邊電位器輸出方位控制，連接外部輸出動力；大致上伺服馬達就由這四樣物件所組成，減速齒輪組與控制 IC、電位器，馬達。

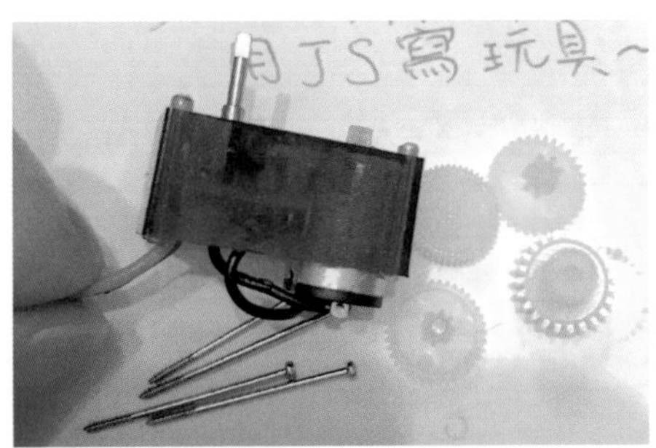


〈 伺服馬達由減速齒輪組與控制 IC、電位器，馬達所組成。 〉

稍微了解伺服馬達的結構後，我們就來了解 Johnny-Five 提供什麼方法供我們操控伺服馬達吧！(ʻ◡ʻ✿)

## Johnny-Five 上的 Servo API 與 Servos API

Johnny-Five － **Servo 單顆伺服馬達**
http://johnny-five.io/api/servo/

Johnny-Five － **Servos 複數顆伺服馬達**
http://johnny-five.io/api/servos/

Johnny-Five 伺服馬達單元特別的是，Johnny-Five **Servo API** 提供對象是**針對單顆伺服馬達的動作**，Johnny-Five 有獨立一個 **Servos API Class**，**特別提供複數個伺服馬達的操作**，也就是兩顆以上的伺服馬達操控。

由於 **Servo** 在 API 和 Event 和操作多顆伺服馬達都與 **Servos 相同**，
故這邊就統一解釋介紹伺服馬達的 Servo ＆ **Servos** 的 API：

##  to(degrees 0-180 [, ms [, rate]])

**功能：命令伺服馬達的轉動舵轉動到指定角度 (0~180 度 )；**

若有填入 ms 參數，將花費 N 秒移動到指定的角度上。若有填入 rate 參數，則角度與移動時間將會依照該數字分成數段移動；

**特別注意：**呼叫 .to() 方法填入的角度則必須和前次呼叫角度不同，若與前次角度相同則不動作。

※ 範例寫法：

```
 1 var servo = new five.Servo(10);
 2
 3 // 轉動舵轉動到90度
 4 servo.to(90);
 5
 6 // 花500毫秒的時間將轉動舵轉動到90度
 7 servo.to(90, 500);
 8
 9 // 花500毫秒的時間，分10次將轉動舵轉動到90度
10 servo.to(90, 500, 10);
```

##  min(deg)

**功能：設置轉動舵轉動到伺服馬達的最小角度。**

預設為 0 度或是相對於已指明的範圍；「相對於已指明的範圍」的意思是參考範例二，若有指定角度範圍 ( 第 10 行 )，則 .min(deg) 的角度為該範圍裡的最小角度。

※ 範例寫法：

```
1 //範例一
2 var servo = new five.Servo(10);
3 servo.min(); //轉動舵轉動到0度
4
5 //範例二
6 var servo = new five.Servo({
7   pin: 10,
8   range: [45, 135] //宣告最小轉動角度為45度
9 });
10 servo.min(); //轉動舵轉動到最小轉動角度45度
```

## ◆ max(deg)

**功能：設置轉動舵轉動到伺服馬達的最大角度。**

預設為 180 度或是相對於已指明的範圍；「相對於已指明的範圍」的意思是參考範例二，若有指定角度範圍（第 10 行），則 .max(deg) 的角度為該範圍裡的最大角度。

※ 範例寫法：

```
1 //範例一
2 var servo = new five.Servo(10);
3 servo.max(); //轉動舵轉動到180度
4
5 //範例二
6 var servo = new five.Servo({
7   pin: 10,
8   range: [45, 135] //宣告最大轉動角度為135度
9 });
10 servo.max(); //轉動舵轉動到最大轉動角度135度
```

## ◆ center([ ms [, rate ]])

**功能：設置轉動舵到伺服馬達的中心角度。**

預設為 90 度或是相對於已指明的範圍；「相對於已指明的範圍」的意思是參考範例二，若有指定角度範圍（第 9 行），則 .center() 的角度為該範圍裡的中間角度值[註]。

若有填入 ms 參數，將花費 N 秒移動到指定的角度上。若有填入 rate 參數，則角度與移動時間將會依照該數字分成數段移動。

特別注意：呼叫 .center() 方法填入的角度則必須和前次呼叫角度不同，若與前次角度相同則不動作。

※ 範例寫法：

```
1 //範例一
2 var servo = new five.Servo(10);
3 // 因最大角度為180度，180/2=90，故中間值為90度，轉動舵轉動
  到90度
4 servo.center();
5
6 //範例二
7 var servo = new five.Servo({
8   pin: 10,
9   range: [40, 80]
10 });
11 //40度～80度的中間值為角度60度，故轉動舵轉動到60度
12 servo.center();
```

註：「中間角度值」的公式為

（範圍最小角度＋範圍最大角度）/ 2 = 中間角度值

### ◆ home()

**功能：設置轉動舵到 startAt 設置的角度值。**

在伺服馬達轉動動作時，呼叫 .home() 方法轉動舵將返回到物件屬性 **startAt** 設置的角度值。

※ 範例寫法：

```
1 var servo = new five.Servo({
2   pin: 10,
3   startAt: 20
4 });
5 // 設置轉動舵轉動到90度
6 servo.to(90);
7 // 轉動舵返回startAt設置的角度值20度
8 servo.home();
```

### ◆ sweep()

**功能：轉動舵在預設最大角度和預設最小角度之間重複擺動。**

### ◆ sweep([ low, high])

**功能：轉動舵在指定最小角度和指定最大角度重複擺動。**

### ◆ stop()

**功能：停止伺服馬達的動作。**

## Servo 與 Servos 使用寫法

如果要使用 Johnny-Five 的伺服馬達物件，寫法是宣告 new five.Servo 物件

```
1 board.on('ready', function() {
2   var servo = new five.Servo({
3     pin: 10,
4 });
```

~~一樣沒有更懶只有最懶~~，直接宣告 Arduino 的 pin 10 為伺服馬達控制線

直接簡寫成：

```
1 new five.Servo(10);
```

如果在專案上使用到**多個伺服馬達**，寫法是宣告 new five.Servos 物件（Servo 要加 s 喔～）

```
1 board.on('ready', function () {
2   var servos = new five.Servos([9, 10])
3 });
```

特別注意！

**由於 Servos 物件是靜態的方法類別 (static method)，不能用 JavaScript 的 .push() 增加宣告陣列中 Servo 的實體數量。**

> Once instantiated, a Servos object is static. You may not `push()` additional Servo instances onto the array.

〈在 Johnny-Five 的官方文件中特別提到〉

~~還是一樣沒有更懶只有最懶~~，多顆伺服馬達宣告物件元件也可以簡寫成

```
1 // 假設使用三個伺服馬達， pin 腳使用 9、10、11 腳位
2 new five.Servos([9, 10, 11]);
```

上面的方法是只宣告伺服馬達集的 pin 腳，最基本的表示方法。若要各別設定馬達，**可以使用物件表示方法**，例如：

```
1 //---各別設定兩顆馬達---//
2 //
3 // 第一顆馬達腳位使用第9腳，馬達的角度範圍為10～180度。
4 // 第二顆馬達腳位使用第10腳，馬達的角度範圍為20～140度，起
  始角度為20度。
5
6 new five.Servos([{
7   pin: 9,
8   range: [10,180],
9 }, {
10   pin: 10,
11   range: [20,140],
12   startAt: 20
13 }]);
```

以上介紹如何在 Johnny-Five 中使用單顆與多顆伺服馬達，那麼接下來我們就進入實作囉！多練習才知道自己錯在哪裡和哪些問題自己還不懂～ (ง๑ •̀_•́)ง

# 實作應用－伺服馬達動起來！

## 這邊需要準備的材料有

－硬體的部分－

- Arduino UNO ＊ 1 片
- USB Type B 線材 ＊ 1 條
- 伺服馬達－ SG90(9g) ＊ 2 顆
- 杜邦線 ＊ N 條
- 額外的電源供應（EX：電池、電源模組）

## 電路接線圖

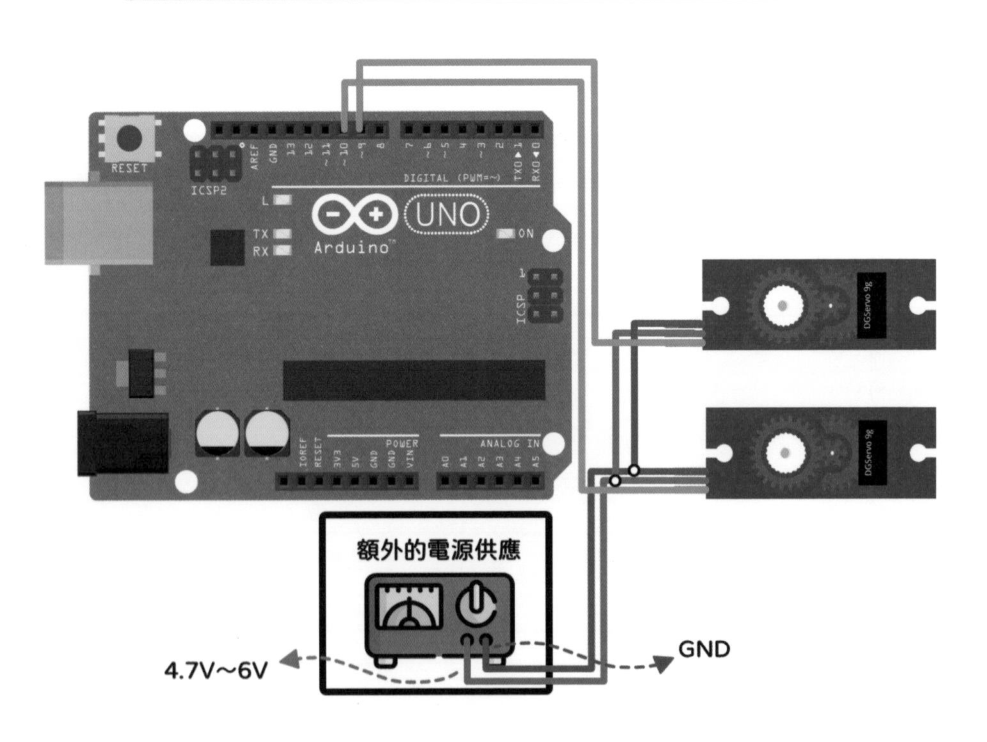

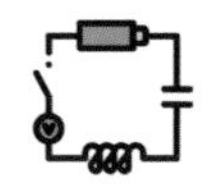

## 電子電路圖

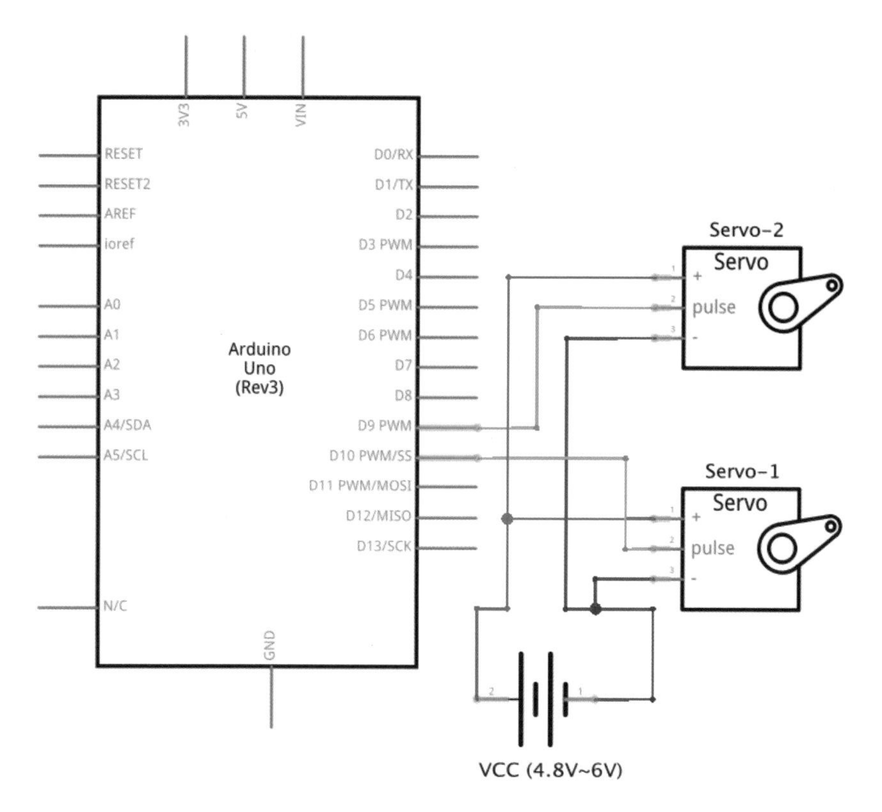


電路方面，伺服馬達硬體的內部電路板接出一條排線，這三條線（紅棕橙）分別定義是：

- 棕色線 → GND 接地線
- 紅色線 → Vcc 電壓（4.8V ~ 6V）
- 橙色線 → PWM input 脈衝訊號輸入

這邊必須要注意的是！

- 由於伺服馬達由 PWM 訊號控制，故橙色線需連接 Arduino 的 PWM 訊號腳位。

- 由於馬達類的物品很吃電，在做實驗時我們需要使用**獨立電源提供馬達電源**，Arduino **只要負責控制訊號**；如果馬達的供電是使用 Arduino 內建的 5V 電源的話，會因 Arduino 內部電壓供應不足很容易造成 Arduino 功能異常 (memory leak crashes)，故筆者在這提醒之。

## 來 Coding 吧！程式碼如下 (ง๑ •̀_•́)ง

### 單顆伺服馬達 - 使用「new five.Servo」物件

實做目的：

用產生亂數函式產生 1~100 的數值，讓 Servo 隨意轉動舵到不同的角度。

```
 1 var five = require('johnny-five');
 2 var board = new five.Board();
 3
 4 board.on('ready', function () {
 5   var servo = new five.Servo({
 6     pin: 10,
 7   });
 8
 9   this.loop(2000, function () {
10     randomNum = Math.floor(Math.random() * 100 + 1)
11     servo.to(randomNum);
12     console.log(randomNum);
13   });
14 });
```

第 5 行

要使用 Johnny-Five 操控伺服馬達，首先要宣告 new five.Servo 物件，物件屬性 pin 為宣告伺服馬達連接到 Arduino 的控制線為何。

第 9 行

this.loop 是 Johnny-Five 中 Board Class 的函式，其為 loop(milliseconds, handler()); 依照設定的毫秒週期重複的執行處理函式；這裡筆者設定兩秒處理一次函式中的任務。

第 10 行

我們的處理函式中使用 JavaScript 的 Math.random() 隨機產生亂碼，經由一連串處理後得到 1～100 的數字。

第 11 行

將剛剛產生的亂碼填入 Servo API 的 .to() 方法，使伺服馬達轉動舵到該角度，即完成目標！

## 複數顆伺服馬達 - 使用「new five.Servos」物件

實作一：使用陣列表示腳位，並控制兩顆馬達做相同動作。

```
1 var five = require('johnny-five');
2 var board = new five.Board();
3
4 board.on('ready', function () {
5   var servos = new five.Servos([9, 10]);
6
7   servos.sweep();
8 });
```

第 6 行

一樣要使用 Johnny-Five 操控伺服馬達，宣告 new five.Servos 物件，但這邊使用陣列方式表示伺服馬達連接到 Arduino 的連接腳。

第 8 行

呼叫使用 **servos.sweep()** 方法，這邊沒有特別指定選用哪一個伺服馬達動作，故兩顆馬達會同時接收到 .sweep() 的指令，並開始動作。

實做二：使用陣列方法表示，但只操作其中一顆伺服馬達動作。

```
1 var five = require('johnny-five');
2 var board = new five.Board();
3
4 board.on('ready', function () {
5   var servos = new five.Servos([9, 10]);
6
7   // 第九腳位的馬達執行 .sweep() 動作
8   servos[0].sweep();
9 });
```

第 8 行

呼叫使用 **servos.sweep()** 方法，但這邊**特別指定選用陣列位置 0 的馬達，也就是第一顆伺服馬達（腳位 9 的馬達）**動作，故連接到 Arduino 第 9 隻腳位的伺服馬達會接收到 .sweep() 的指令，並開始擺動動作。

## 章節小結

在現今的環境中，可以看到很多機器人、機械手臂，這些都有伺服馬達的身影在其中，大家也可以試著練習看看，惟要注意的是在使用多顆馬達的時候，需要使用獨立電源來做馬達的電源供給，如今在各大網拍上都可以買到變壓電源模組，有興趣的讀者可以自行搜尋購買喔。

# 上上下下左右左右 BA ！使出大絕吧！_ 搖桿（Joystick）

**身為一個魯宅，一定都要有一台遊戲機假日宅在家！**
**但遊戲控制器你了解多少呢？**

今天要來介紹的就是！(ก▲o▲)⊃━☆ﾟ.*･｡「搖桿 Joystick」也就是俗稱的香菇頭！

## 搖桿（Joystick）介紹

Joystick 的結構含有自我居中的彈簧，讓操控搖桿放掉時可以回到中心位置，外蓋則是一個杯型的塑膠蓋，讓使用者能用拇指舒適的操控。

Joystick 元件圖

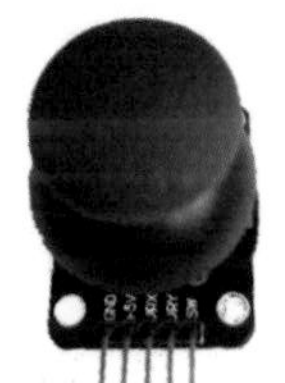

## 工作原理

**Joystick 是一個類比輸入裝置**，能將二軸（X 軸與 Y 軸）的運動傳遞給 Arduino；其工作原理為當**操控 Joystick 改變方向時，就代表改變該軸的電阻值**，也可以用兩顆可變電阻來模擬 Joystick 的雙軸動作。

## 有圖有真相－實際量測 Joystick 電阻值的變化

為了讓大家了解 Joystick 的工作原理，筆者使用三用電表來量測改變 Joystick 方向時，電阻值的變化。

### ＊ 操控 Joystick 並改變 X 軸觀察其阻值變化

搖桿在中心點時，初始電阻值為 3KΩ 左右；當筆者把 Joystick 往上移動時電阻值會增加，往下時電阻值減少。

不動時，初始電阻值為3KΩ

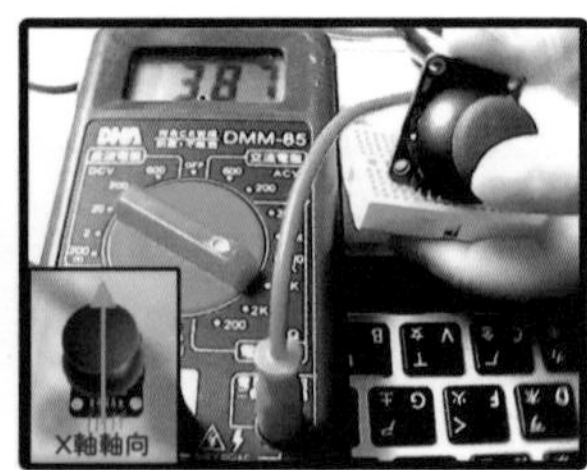


往上移動，電阻值增加為3.87KΩ

往下移動，電阻值減少為0.32KΩ

### ＊ 操控 Joystick 並改變 Y 軸觀察其阻值變化

搖桿在中心點時，初始電阻值為 3KΩ 左右；當筆者把 Joystick 往右移動時電阻值會增加，往左時電阻值減少。

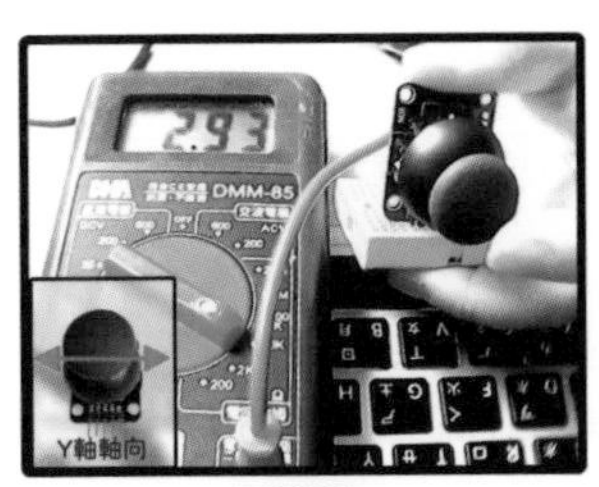

不動時
初始電阻值約為3KΩ

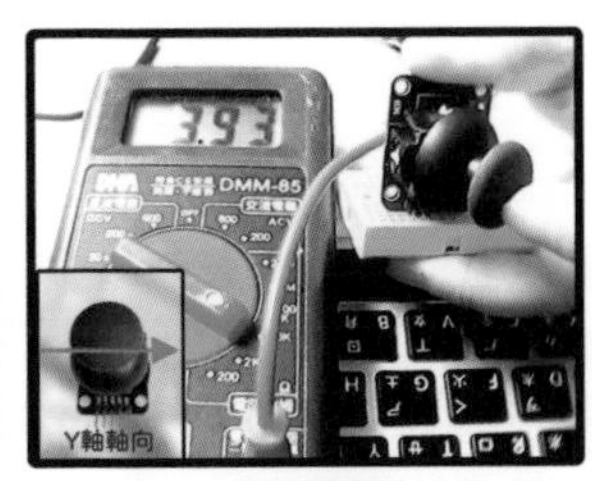

往右移動
電阻值增加約為3.93KΩ

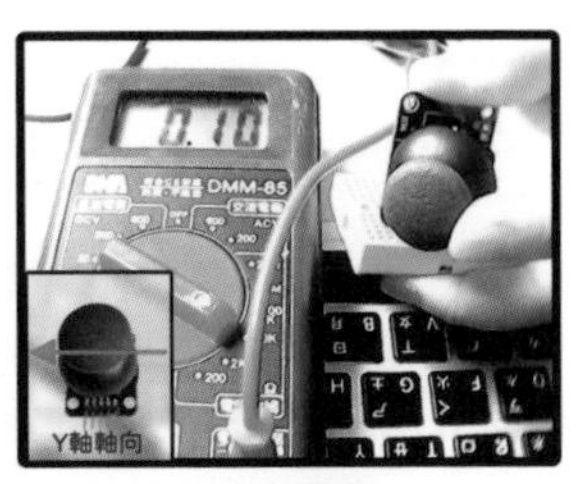

往左移動
電阻值減少約為0.10KΩ

藉由移動搖桿後隨之電阻值會跟著變化，希望能用圖片解說的方式讓讀者們更了解 Joystick 的特性。(ง๑ •̀_•́)ง

那麼接下來我們就來介紹在 Johnny-Five 上怎麼使用 Joystick 吧！(๑•̀ㅂ•́)و✧

§ 相關連結 §

- How 2-Axis Joystick Works & Interface with Arduino + Processing
  https://lastminuteengineers.com/joystick-interfacing-arduino-processing/

## 這邊需要準備的材料有

－硬體的部分－

- Arduino UNO ＊ 1 片
- USB Type B 線材 ＊ 1 條
- 搖桿 (Joystick) ＊ 1 個
- 杜邦線 ＊ N 條

## 電路接線圖

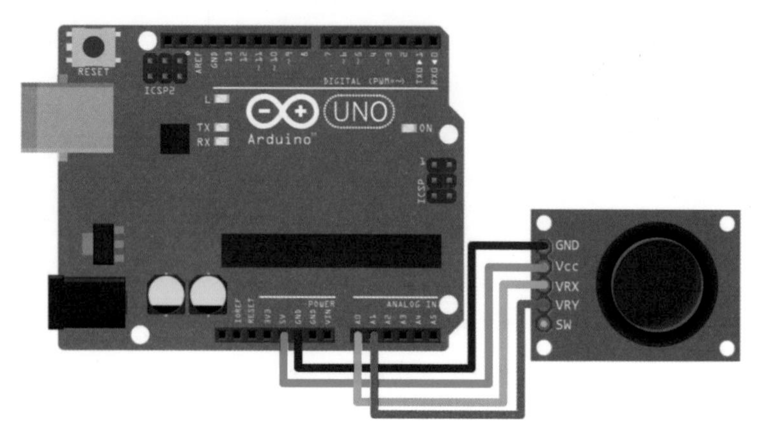
RESET
ICSP2
UNO
Arduino
ICSP
GND
Vcc
VRX
VRY
SW
POWER
ANALOG IN

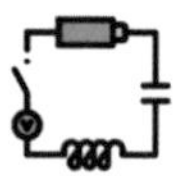

## 電子電路圖

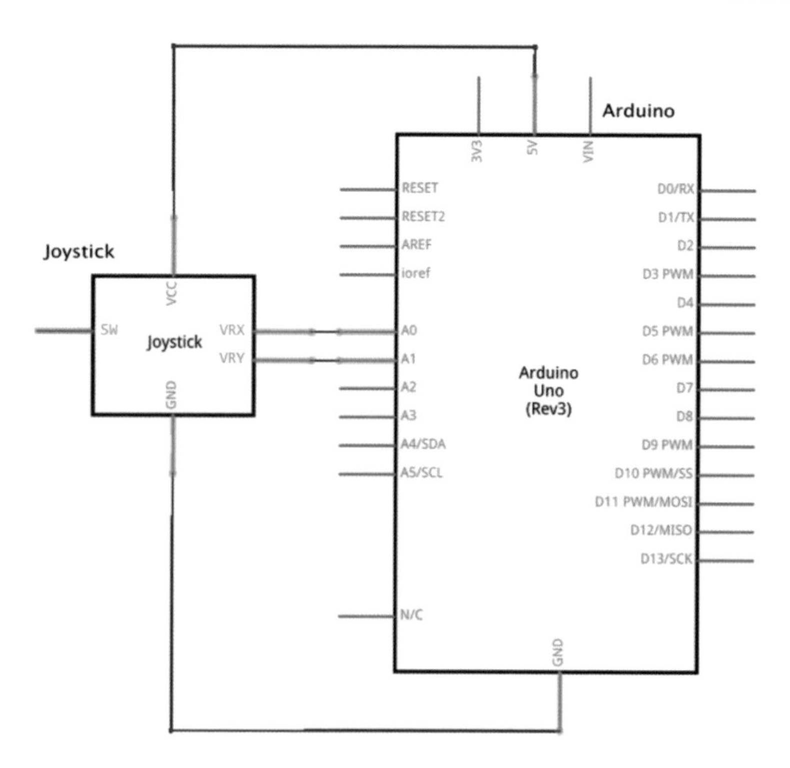
Arduino
3V3
5V
VIN
RESET
RESET2
AREF
ioref
A0
A1
A2
A3
A4/SDA
A5/SCL
N/C
GND
D0/RX
D1/TX
D2
D3 PWM
D4
D5 PWM
D6 PWM
D7
D8
D9 PWM
D10 PWM/SS
D11 PWM/MOSI
D12/MISO
D13/SCK
Arduino
Uno
(Rev3)
Joystick
VCC
SW
Joystick
VRX
VRY
GND

### Joystick 模組的接腳有

- Vcc - 電壓供給
- GND - 接地
- VRX - X 軸輸出（類比輸出）
- VRY - Y 軸輸出（類比輸出）
- SW - 按鈕（若 Joystick 為可按下去的類型）

## Johnny-Five 上的 Joystick

Joystick 比較特別，在 Johnny-Five 上沒有 API 方法可用，連 Event 事件都和之前有介紹過的 change 和 data 一模一樣，但在宣告物件屬性時，可填寫的參數上比較特別，所以這次來介紹要使用 Joystick 的物件屬性參數。

> Johnny-Five － Joystick
> http://johnny-five.io/api/joystick/

要使用 Joystick，需要呼叫 Johnny-Five 的 new five.Joystick 物件，物件參數有：

* pins：連接的腳位。為必要參數，寫法為陣列表示 [X, Y]。

```
1 new five.Joystick({
2   // [ x, y ]
3   pins: ["A0", "A1"]
4 });
```

* `invert`：Joystick 的輸出數值反相，筆者畫了一張圖解釋。

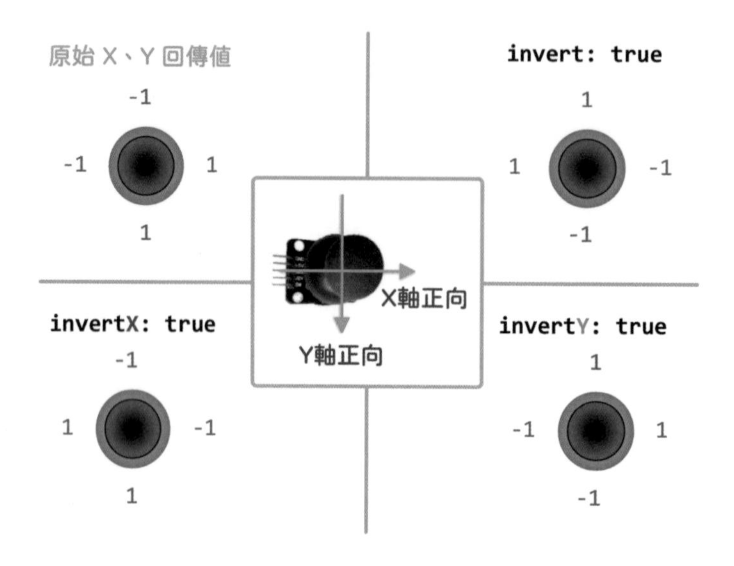


**呼叫 Joystick 物件，物件返回值會返回** `-1` **或者** `1`，而原始的物件返回值 X 軸 Y 軸返回值為左上狀態，若參數 **invert** 為 `true` 則為 X 軸與 Y 軸的返回值將會反相，(右上圖)；

下面圖示部分為，若只想要反相 X 軸或者 Y 軸，則參數改為「**invertX**」或者「**invertY**」，這樣只會反相該軸的返回值；左下圖到右下圖依序為 **invertX: true**、**invertY: true** 返回的數值。

了解之後，我們就來簡單實作一下吧！ヽ(・×・´)ゞ

## 實作應用－操控 Joystick

### 來 Coding 吧！程式碼如下 (ง๑ •̀_•́)ง

```
 1 var five = require('johnny-five');
 2 var board = new five.Board();
 3
 4 board.on('ready', function() {
 5   var joystick = new five.Joystick({
 6     //    [ x, y ]
 7     pins: ['A0', 'A1'],
 8   });
 9
10   joystick.on('change', function() {
11     console.log('Joystick');
12     console.log('  x : ', this.x);
13     console.log('  y : ', this.y);
14     console.log('--------------');
15   });
16 });
```

第 5 行

一樣要操控 Joystick 需要宣告 Johnny-Five 的 new five.Joystick 物件。

第 7 行

Joystick 物件屬性 pins 為宣告搖桿模組連接到 Arduino 的類比腳位，以陣列表示法來表示；陣列索引 (index) 值 0 為 X 軸腳位，索引值 1 為 Y 軸腳位。

第 10 行

該實作使用 change 事件偵聽搖桿的變化，當搖桿出現移動時物件返回 x 和 y 的數值。

## 測試看看吧！(ง๑ •̀_•́)ง

### 搖桿無動作

一樣到該目錄底下執行 node 啟動專案，啟動後可以看到一開始的 X、Y 軸無動作，返回數值約莫為 0 上下。

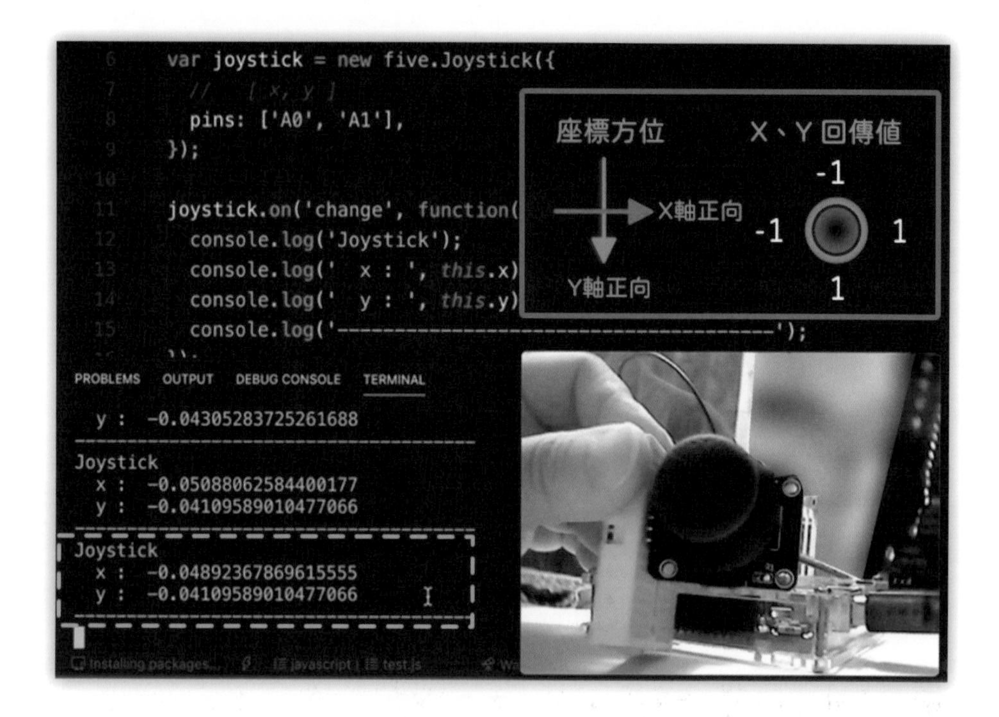

## X 軸－搖桿往右移動

搖桿向右移動，此時 X 軸發生改變往正方向移動，物件屬性 `x` 返回值約莫為 `1`。

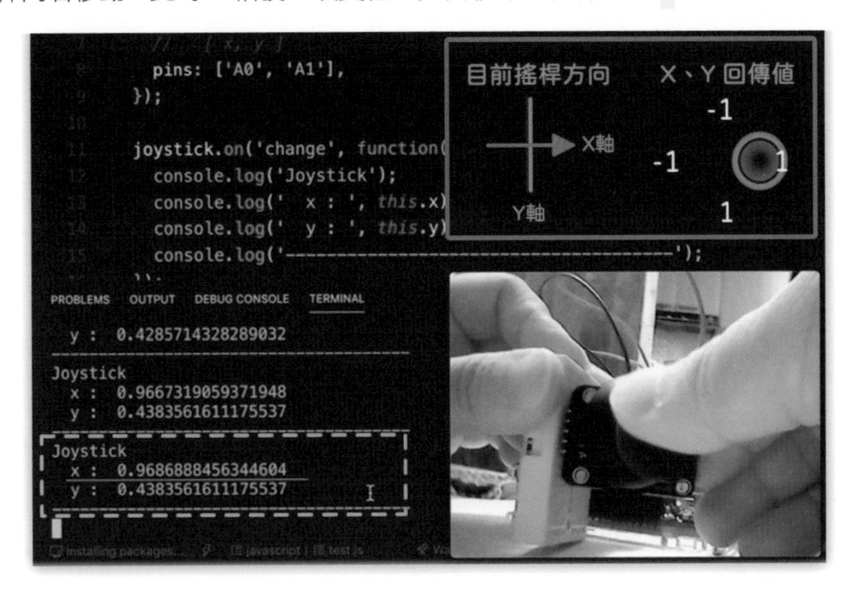


## X 軸－搖桿往左移動

搖桿向左移動，此時 X 軸發生改變往負方向移動，物件屬性 `x` 返回值為 `-1`。

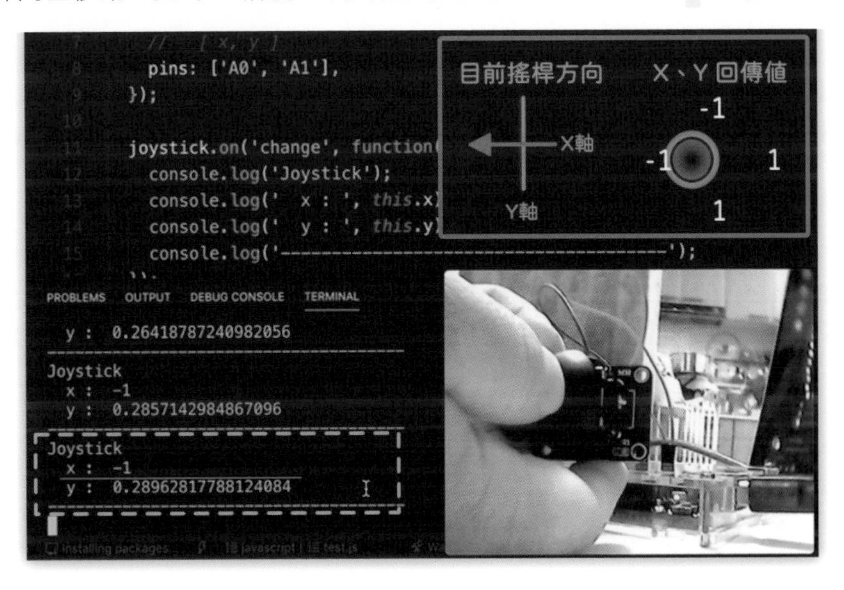

## Y 軸－搖桿往下移動

搖桿向下移動，此時 Y 軸發生改變往正方向移動，物件屬性 y 返回值為 1。

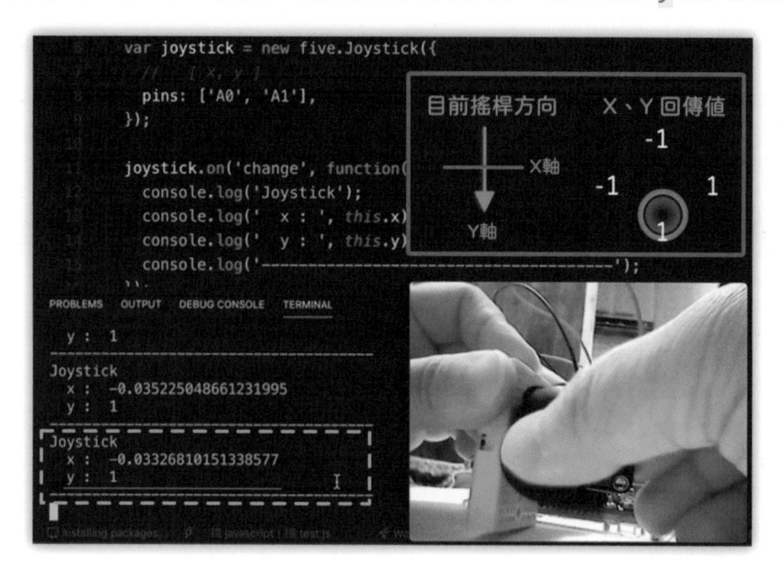


## Y 軸－搖桿往上移動

搖桿向上移動，此時 Y 軸發生改變往負方向移動，物件屬性 y 返回值約莫為 -1。

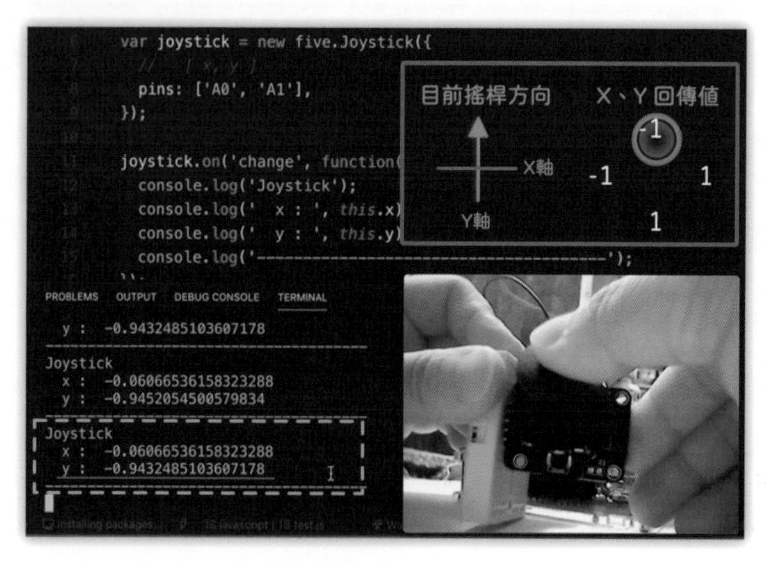

# 用 Joystick 搖桿讓喵星超人飛向終點吧！－ Joystick 遊戲應用篇

## 邁向終點吧！喵星超人！

其實會做這個應用呢…是來自於技術友的啟發 ... (ΦωΦ)
故事是這樣的，在寫鐵人賽的時候，有一位邦友在筆者的文章底下留言：

**“感覺可以 Arduino 做 Joycon，然後 Client 端用 Canvas 寫遊戲，後端靠 Socket.io 來實現 Window X switch 或是 Mac X switch”**

感謝在寫文章時，IT 邦友總是那麼熱情的來留言，給筆者那麼多想法～
你們的留言就是對寫文者最大的支持阿！但 ...~~筆者看到心中實在五味雜陳阿 ...~~ Σ(￣□￣;)
（筆者心之音：這…本魯宅寫不出來吧！！！ Orz）

好吧！既然這已經是本書最後一章了，那就做做看吧！(ಠ益ಠ)
做不出來至少讀到此書的讀者朋友可以幫我實現夢想…(X（被讀者打

## 怎麼做？想法是這樣的～

實作 Joystick 物件 X 軸和 Y 軸，變化時會返回大約 -1 ～ 1 的數值，就用這個數值來讓喵星超人飛起來！但怎麼利用呢？

**這次我們用 CSS3 的 `transform:translate(x,y);` 屬性來改變喵星超人在頁面上的位置。**

## 先從網頁解構來看：

### ＊ 初始化 - 中心點

假設遊戲一開始喵星超人設定在視窗中心點出發，首要我們要取得網頁的中心點位置，而 **User 的瀏覽器視窗大小不會一樣大，那中心點的數值也會因人而異！**

故使用 JavaScript 幫助取得視窗的寬高數值，**取得總視窗寬高後再除上 2 就是中心點位置**。(ง๑ •̀_•́)ง

### ＊ 喵星超人的位置－移動變量

喵星超人在視窗上移動多少的位置等於 Joystick 的移動量；已知 Joystick 數值落在 -1 ～ +1 之間，我們需要從 Arduino 那邊取得 Joystick 的數值後加以處理，轉成喵星超人在視窗上的移動量。

## 喵星超人的移動變量 ＝ Joystick 回傳的數值 × 視窗中心點位置

接下來只要把喵星超人在視窗的移動量加上視窗中心點的位置，就會變成喵星超人現在飛到的位置，這樣就搞定啦！ヽ(・ ×・ ´)ゞ

## 當前喵星超人的位置 ＝ 視窗中心點 + 喵星超人的移動量變數

有點燒腦嗎？

~~沒錯！~~以上筆者也是在紙上畫出來想了一下才想到的 ... 那我們就來實際寫成 code 來驗證看看是否正確吧！( ￣ 3￣)y▂ξ

## 來 Coding 吧！程式碼如下 (ง๑ •̀_•́)ง

### 後端部分－ JavaScript

```
 1 var io = require('socket.io');
 2 var express = require('express');
 3 var five = require('johnny-five');
 4
 5 var board = new five.Board();
 6 var app = express();
 7
 8 app.use(express.static('www'));
 9 var server = app.listen(3000, function() {
10     console.log('connected!');
11 });
12
13 var sio = io(server);
14
15 board.on('ready', function() {
16     var joystick = new five.Joystick({
17         //   [ x, y ]
18         pins: ['A0', 'A1'],
19     });
20
21     sio.on('connection', function(socket) {
22         joystick.on('change', function() {
23             console.log('  x : ', this.x);
24             console.log('  y : ', this.y);
25             jXAxis = this.x;
26             jYAxis = this.y;
27             socket.emit('startData', {
28                 jXAxis: jXAxis,
29                 jYAxis: jYAxis,
30             });
31         });
32     });
33 });
```

第 22 ～ 32 行

當移動搖桿後，取得 Joystick 的 X 軸與 Y 軸的數值，再用 Socket.io 傳給前端接收。

```
1 socket.emit('startData', {
2   jXAxis: jXAxis,
3   jYAxis: jYAxis,
4 });
```

## 前端部分－ HTML

```
1 <body>
2   <div class="bg">
3     <div class="top"></div>
4     <div class="cat">
5       <img src="img/super-cat.png" alt="" />
6     </div>
7     <div class="footer">
8       <img src="img/footerbg.png" alt="" />
9     </div>
10   </div>
11 </body>
```

HTML 的部分，就如同「光敏電阻小遊戲應用章節」HTML 的部分一樣，故這邊就不再贅述，請參考〔5-33 頁〕的解說。

## 前端部分－ CSS Style

**這次我們使用 CSS 的 `transform:translate` 屬性，來改變喵星超人的位置！**

```
1 // 定義平移 2D 元素
2 {
3   transform:translate(x,y);
4 }
```

Joystick 移動量轉為元素平移量算出後，利用 jQuery 的 `.css()` 方法改變喵星超人位置即可。

- translate 的 x，Value 為 Joystick 的 X 軸移動量
- translate 的 y，Value 為 Joystick 的 Y 軸移動量

這次還有在一些 HTML 元素加上 CSS 動畫看起來比較像遊戲，在動畫部分我們使用 CSS 的動畫外掛「Animate.css」。

§ 相關連結 §

- CSS 動畫效果外掛－ Animate.css
  https://daneden.github.io/animate.css/

## 前端部分－ JavaScript

```
 1 var socket = io.connect();
 2
 3 var xCenter = $('.bg').width() / 2; // 取得水平中心點
 4 var yCenter = $('.bg').height() / 2; // 取得垂直中心
   點
 5
 6 socket.on('startData', function(data) {
 7     // 當socket開始連線時，接收資料
 8     // console.log(data);
 9     XAxis = data.jXAxis;
10     YAxis = data.jYAxis;
11
12     // 取到小數點後兩位數
13     XVal = XAxis.toFixed(2);
14     YVal = YAxis.toFixed(2);
15
16     // 取 joystick X軸移動量，轉成視窗元素 X軸 移動量
17     varXVal = XVal * xCenter;
18     // 喵星超人 X軸 的位置
19     catXPos = xCenter + varXVal;
20
21     // 取 joystick Y軸移動量，轉成視窗元素 Y軸 移動量
22     varYVal = YVal * yCenter;
23     // 喵星超人 Y軸 的位置
24     catYPos = yCenter + varYVal;
25
26     // 使用 jQ .css()函式改變喵星超人位置
```

```
27     $('.cat').css(
28         'transform',
29         'translate(' + catXPos + 'px, ' + catYPos +
   'px',
30     );
31 });
```

第 3 ～ 4 行

利用 jQuery 的 `.width()` 和 `.height()` 方法取得頁面總寬、總高後除上 2，**取得視窗頁面的中心點位置**。

第 9 ～ 14 行

當 Socket 開始與後端連線後取得搖桿 X 軸與 Y 軸的移動量數值，再利用 `.toFixed()` 方法取得小數點後兩位的數值。

第 17 行

剛介紹的解說上有說到，喵星超人的移動變量等於 **Joystick 回傳的數值乘上視窗中心點位置**，所以第 17 行就是在取 Joystick 的移動變量，將偵測到搖桿的 X 軸移動量，轉成視窗元素 X 軸移動量。

第 19 行

**視窗中心點加上第 17 行所取得的 X 軸移動量**，即為喵星超人在視窗上的新位置。

第 22 ～ 24 行

同第 17 行的解釋和第 19 行的解釋，只是變成 Y 軸的移動量和位置。

第 27 行

經過一連串的轉換與計算後，使用 jQuery 的 `.css()` 函式改變喵星超人在視窗上的位置，這樣就完成啦！ ＼(･ ×･ ´)ゞ

**登登登～楞～～(☝ ﾟ∀ ﾟ) ☝**

## 章節小結

Joystick 是本書最後介紹的一個元件了 ...
還記得在寫 IT 邦幫忙鐵人賽時，有技術友說「原來要控制 Joystick 這麼簡單！」

沒錯！現今的電子零件已經都簡化、模組化了，只要了解電子電路怎麼接線，其實都可以做出大家想要的玩具～相信讀者們照著本書練習和程式碼練習打一遍，大家一定也有一番體悟的喔！(๑•̀ㅂ•́)و✧

**IoT&Maker！想像力就是你的超能力！**
**創客精神永不熄滅！**

## 筆者為何要用 JavaScript 寫 IoT 呢？

可能筆者寫多 JavaScript 了，覺得 JavaScript 是個不可限量的程式語言吧 ...( 欸 ?)

就 2020 年現今，JavaScript 可以寫前端、可以寫後端又亦可以寫 Mobile Application，那為什麼不能從僅限於螢幕上的虛擬呈現走向實體的生活呢？

JavaScript 在前端上擁有三大框架 Veu、React、Angular，後端又有最知名的 Node.js、Express 等，Mobile App 製作方面有 React Native、Cordova，那為什麼很少人介紹在 IoT 方面的 Johnny-Five 呢？

所以筆者想要藉由 iT 邦幫忙鐵人賽來推廣「**其實想要寫 IoT 沒有想像中那麼困難**」，而且可以做一些自己想要做的應用，讓程式不再是死板板的只能在電腦中運行，也能普及在生活中幫助我們，或者無聊做一些玩具也好，讓我們的想像力變成我們的超能力，這就是 Maker 的樂趣呀～

## Johnny-Five 的優點與缺點

説到 Johnny-Five 的優點，想必就是想做 IoT 不必學第二種語言吧～ ( 笑 )
其實還有像是 JavaScript 擁有龐大的資源庫，誠如剛剛所説，JavaScript 可以做前端、後端又可以做手機 APP，把這些資源整合起來加上 Johnny-Five，是不是在開發方面就會比較快速，也比較熟悉呢？

**但 Johnny-Five 也不是沒有缺點的！**

如果你是認真派的人，想必跟著實做時你會發現 Johnny-Five 的 Arduino 一定要透過電腦連接 USB 線且一定要開著 Node.js 才能運作，這也是缺點之一…不過筆者在 Johnny-Five 的 Github Issues 上是有看到連接 wifi 的方法，有朝一日等筆者有時間來研究再來分享一下吧～ ~~(説不定能出下一本書？)~~

~~還有在這邊筆者一定要吐槽一下 Johnny-Five 的官方文件~~！
筆者在看官方寫的文件時，確實有蠻多問號存在的…像是名詞的誤用，週期和頻率就寫錯了，還有一些 API 解釋需要看範例或者是實際下去實驗，才知道官方寫的是什麼意思，~~讓我不禁覺得工程師真的很討厭寫文件阿…~~（所以買這本書根本就賺到了，該踩的雷筆者都幫你先踩了 X）

# 後記 _

筆者撰寫此書至此，感謝讀者的閱讀，基於筆者的程式水平有限，若有寫錯的地方也請多多見諒 ... <(_ _)>

若有相關的想法或是錯誤回報與訂正，歡迎至筆者的 Github 上留下 Issues，或者到 IT 邦幫忙鐵人賽系列文、筆者新開的 Youtube 頻道「**17King 製造中**」或者到 Facebook 粉絲專頁也是叫「17King 製造中」中留言、指教，同時筆者若有消息也會同步發佈在社群上，歡迎訂閱追蹤！ ^_^

§ IoT 沒那麼難！新手用 JavaScript 入門做自己的玩具－相關連結 §

- Github Repo
  https://github.com/tinatyc/2019ironman-JS-IoT
- IT 邦幫忙鐵人　系列文
  https://ithelp.ithome.com.tw/users/20103130/ironman/2125
- 筆者的 Youtube 頻道 -「17King 製造中」
  https://www.youtube.com/channel/UC8f5nIKpXtJQQQXjLvUxM3g/
- Facebook 粉絲專頁 -「17King 製造中」
  https://www.facebook.com/MadeIn17King/

**期待大家都能做出自己的作品**

**並能享受沉浸在 DIY 裡的樂趣中！ ξ(✿>◡❛)**

APPENDIX

# A

# 附錄

# 文章索引列表

## 開發板相關



## 開發環境相關



## 輸入單元 (Input)

### 類比輸入 (Analog Input)



### 數位輸入 (Digital Input)



## 輸出單元 (Output)

## 範例程式碼

本書程式碼皆會上傳到 GitHub 上開源

> tinatyc/2019ironman-JS-IoT：
> https://github.com/tinatyc/2019ironman-JS-IoT

* REPL Mode

  REPL 模式

  File Path：/example/repl/repl.js

* LED 發光二極體

  LED

  File Path：/example/led/blink.js

  LED（PWM）

  Flie Path：/example/led/brightness.js

  RGB LED（三色 LED）

  Flie Path：/example/led/

  RGB LED 七彩霓虹燈

  /example/led/RGBLed-rainbow.js

  Matrix LED（矩陣式 LED）

  Flie Path：/example/matrix/matrix.js

  Matrix LED（矩陣式 LED）實作

  Flie Path：/example/matrix/matrix-repl.js

  928 教師節特輯 - Muit matrix device

  Flie Path：/example/matrix/matrix-muit-device.js

## * Socket.io

Socket.io & express 安裝

Flie Path：/example/socket/socket.js

Socket.io 操控 Arduino 實作

Flie Path：/example/socket/socket-iot.js

## * Sensor 感測器

Temperature 溫度感測器（LM35）

Flie Path：/example/thermometer/thermometer.js

Temperature - 視覺化溫度資料

Flie Path：/example/thermometer/temp-chart.js

Photoresistor 光敏電阻

Flie Path：/example/photoresistor/photoresistor.js

光敏電阻 小遊戲應用

Flie Path：/example/photoresistor/p-game.js

PIR Sensor 人體感測器

Flie Path：/example/example/PIR/PIR.js

PIR Sensor 移動偵測 實作

Flie Path：/example/PIR/PIR-boss.js

Accelerometer 三軸加速度計

Accelerometer 三軸加速度計 實作

Flie Path：/example/accelerometer/accelerometer.js

Accelerometer 三軸加速度計 應用

Flie Path：/example/accelerometer/acc-box.js

* Servo 伺服馬達

  Servo 伺服馬達

  Flie Path：/example/servo/servo.js

* Joystick 搖桿

  Joystick 搖桿

  Flie Path：/example/joystick/joystick.js

  Joystick 搖桿 小遊戲應用

  Flie Path：/example/joystick/j-game.js

## 圖片來源 & 致謝 The Acknowledgements Chapter

* Icons

  Thanks for Icon made from flaticon.

  Website：www.flaticon.com

* 電路圖和電子零件圖 Circuit diagram & Electronic parts

  Thanks for Circuit diagram & Electronic parts made from fritzing.

  images by fritzing

  Website：https://fritzing.org/